版式设计
Layout Design

21世纪全国普通高等院校美术·艺术设计专业"十三五"精品课程规划教材

The"13th Five-Year Plan"Excellent Curriculum Textbooks
for the Major of

Fine Arts and Art Design
in National Colleges and Universities in the 21st Century

主编 徐 丹 徐 爽

副主编 吴志民 王洪刚 李志鹏 李鑫泽 翟浩澎

辽宁美术出版社
Liaoning Fine Arts Publishing House

图书在版编目（CIP）数据

版式设计 / 徐丹，徐爽主编. — 沈阳 ：辽宁美术
出版社，2021.6（2022.8重印）
21世纪全国普通高等院校美术·艺术设计专业"十三
五"精品课程规划教材
ISBN 978-7-5314-8886-6

Ⅰ．①版… Ⅱ．①徐… ②徐… Ⅲ．①版式－设计－
高等学校－教材 Ⅳ．①TS881

中国版本图书馆CIP数据核字（2020）第267203号

21世纪全国普通高等院校美术·艺术设计专业
"十三五"精品课程规划教材

总 主 编　彭伟哲
副总主编　时祥选　孙郡阳
总 编 审　苍晓东　童迎强

编辑工作委员会主任　彭伟哲
编辑工作委员会副主任　童迎强　林　枫　王　楠
编辑工作委员会委员

苍晓东　郝　刚　王艺潼　于敏悦　宋　健　潘　阔
郭　丹　顾　博　罗　楠　严　赫　范宁轩　王　东
高　焱　王子怡　陈　燕　刘振宝　史书楠　展吉喆
高桂林　周凤岐　任泰元　邵　楠　曹　焱　温晓天

印制总监
徐　杰　霍　磊

出版发行　辽宁美术出版社
经　　销　全国新华书店
地　　址　沈阳市和平区民族北街29号　　邮编：110001
邮　　箱　lnmscbs@163.com
网　　址　http://www.lnmscbs.cn
电　　话　024-23404603

封面设计　彭伟哲　王艺潼　孙雨薇
版式设计　彭伟哲　薛冰焰　吴　烨　高　桐

印　　刷
沈阳绿洲印刷有限公司

责任编辑　严　赫
责任校对　郝　刚
版　　次　2021年6月第1版　2022年8月第2次印刷
开　　本　889mm×1194mm　1/16
印　　张　7
字　　数　160千字
书　　号　ISBN 978-7-5314-8886-6
定　　价　56.00元

图书如有印装质量问题请与出版部联系调换
出版部电话　024-23835227

序 >>

当我们把美术院校所进行的美术教育当作当代文化景观的一部分时，就不难发现，美术教育如果也能呈现或继续保持良性发展的话，则非要"约束"和"开放"并行不可。所谓约束，指的是从经典出发再造经典，而不是一味地兼收并蓄；开放，则意味着学习研究所必须具备的眼界和姿态。这看似矛盾的两面，其实一起推动着我们的美术教育向着良性和深入演化发展。这里，我们所说的美术教育其实有两个方面的含义：其一，技能的承袭和创造，这可以说是我国现有的教育体制和教学内容的主要部分；其二，则是建立在美学意义上对所谓艺术人生的把握和度量，在学习艺术的规律性技能的同时获得思维的解放，在思维解放的同时求得空前的创造力。由于众所周知的原因，我们的教育往往以前者为主，这并没有错，只是我们需要做的一方面是将技能性课程进行系统化、当代化的转换；另一方面，需要将艺术思维、设计理念等这些由"虚"而"实"体现艺术教育的精髓的东西，融入我们的日常教学和艺术体验之中。

在本套丛书出版以前，出于对美术教育和学生负责的考虑，我们做了一些调查，从中发现，那些内容简单、资料匮乏的图书与少量新颖但专业却难成系统的图书共同占据了学生的阅读视野。而且有意思的是，同一个教师在同一个专业所上的同一门课中，所选用的教材也是五花八门、良莠不齐，由于教师的教学意图难以通过书面教材得以彻底贯彻，因而直接影响教学质量。

学生的审美和艺术观还没有成熟，再加上缺少统一的专业教材引导，上述情况就很难避免。正是在这个背景下，我们在坚持遵循中国传统基础教育与内涵和训练好扎实绘画（当然也包括设计、摄影）基本功的同时，向国外先进国家学习借鉴科学并且灵活的教学方法、教学理念以及对专业学科深入而精微的研究态度，辽宁美术出版社会同全国各院校组织专家学者和富有教学经验的精英教师联合编撰出版了《21世纪全国普通高等院校美术·艺术设计专业"十三五"精品课程规划教材》。教材是无度当中的"度"，也是各位专家多年艺术实践和教学经验凝聚而成的"闪光点"，从这个"点"出发，相信受益者可以到达他们想要抵达的地方。规范性、专业性、前瞻性的教材能起到指路的作用，能使使用者不浪费精力，直取所需要的艺术核心。从这个意义上说，这套教材在国内还具有填补空白的意义。

21世纪全国普通高等院校美术·艺术设计专业"十三五"精品课程规划教材编委会

前言 >>

版式设计作为广告的构成要素与编排结构形式的设计，是广告设计中的一个重要组成部分。它对于广告的信息在各种媒体高效的视觉传达以及充分发挥广告的功能作用方面具有重大意义。

随着信息时代的到来，阅读信息大量地积压，人们在阅读上花费的时间越来越多，可新鲜度却越来越少，专注力也在下降，对枯燥的排版和千篇一律的内容常常不屑一顾。只看简单的、复杂的忽略不计的现象普遍发生，因而造成了视觉疲劳的读者在寻求自然放松的视觉空间。版式设计得不好，必然使读者感到厌烦，造成更大的心理压力，使之消沉、烦闷，再好的信息也无法传递。这就要求设计师在传达信息的同时更要注重给读者以美的享受，让读者有轻松愉快的阅读感受！这并不是一件简单的事，对于一件设计作品，有趣抢眼的视觉效果确实能够吸引读者的注意力；能够促进信息的传递，但有可能会喧宾夺主，有时还被认为缺乏深度，这种负面效果反而影响企业的被认知度。这种形式运用得恰当与否直接关系内容的真实性和可靠性，有时设计师沉浸在自我设计的欣赏与陶醉中，设计出的作品是满足了自己的美学品位和企图心，但却很少被大众认同，失去了受众的作品，必然失去市场。面对琳琅满目的商品，人们的品位和需求也在不断地提升，能够满足大众的需求又能提升认购率的作品尤为重要，这就要求设计师必须很好地把握版式设计的形式法则，注重形式和内容的灵活运用，不断地提升自身的艺术修养和视觉感知度，设计出能够满足消费者心理、给人以美的享受的好作品。

本书从整体结构到细节变化来介绍版式设计，注重各章节内容的逻辑性，将设计思路、设计技法贯穿全书。明确的标题，简洁的文字叙述，使得读者在阅读时可以更快地了解编者所要阐述的内容。本书注重图文结合的方式，插入大量的图片对文字信息加以润饰，优秀的知名作品为理论的阐述提供有力的证据，使内容阐述更具有说服力，大量的学生作品也为本书增添了生动的效果。

在本书的整个编写过程中，编者本着认真严谨、对读者负责的态度，真实客观地阐述设计的理论原理，以自己独到深入的理解来探究版式设计的博大精深。希望本书可以为读者在了解版式设计方面提供有效的信息。在此，特别感谢参与本书编著的编委会成员，同时感谢辽宁美术出版社的编辑们，正是他们的大力支持与帮助，才使本书得以出版。由于各种原因，某些优秀作品没有注明出处，在此对相关作者表示歉意。

限于专业知识水平，书中不免存在需要指正和雕琢之处，恳请读者批评指正。而设计之路所隐藏的神秘力量，则吸引着我们继续孜孜不倦地进行深入探求。

目录 Contents

序

前言

「 第一章　版式设计概述」

本章学习重点与难点

本章的第二节是学习重点，通过对版式设计的发展历程了解版式设计的基本概念，初步建立学生对版式设计的印象。难点是初步认识版式设计状态下，学生对各个领域版式设计的认识及应用的茫然。

本章学习目标

通过课堂小组讨论的形式，理解版式设计的概念，提升学生对版式设计更广泛的设计空间想象力，为后续章节版式设计在视觉传达领域的影响和作用作铺垫。

建议学时

6 学时

第一章 版式设计概述

版式设计作为广告的构成要素与编排结构形式的设计，是广告设计中的一个重要组成部分。它对于广告的信息在各种媒体高效的视觉传达以及充分发挥广告的功能作用具有重大意义。

第一节 版式设计的发展

人类最早的设计行为从某种意义上说是从"选择"开始的，设计活动常常伴随着一定的偶然性，人们通过自然界发生的偶然现象启发设计行为，揭示其发展规律。原始人类为了记录自己的思想、活动、成就，用简单的图形、符号来表现，但这种简单的记录方式是有限的。而版式设计的发展历史应该说是从书写和文字的创造开始的。文字属于一种视觉符号，它的出现标志着人类已经迈向文明社会，语言通过它可以被记录并保存、传播下去。

"从平面设计来讲，中国的文字——汉字又被誉为'人类社会有史以来最伟大、最成功的设计'"。

一、苏美尔的"楔形文字"及图形艺术

苏美尔人是历史上两河流域早期的定居人类，公元前4000年所建立的苏美尔文明是世界上最早产生的文明。他们发明了人类最早的象形文字——楔形文字（图1-1、图1-2）。开始时只是将猪、马、牛、羊、庄稼等用平面图画的形式记录下来。随着社会活动的增多，人们交往的频繁，简单的图形表达已经不能满足人们的需求，于是苏美尔人对文字进行了改造，增加了符号的意义，比如"足"的符号除表示"足"外，还表示"站立""行走"的意思。表形的文字逐渐发展成表意的文字，最终建立了楔形文字，这一过程经历了近千年的演变。

苏美尔人的文字最早记录在泥板上，是用三角形尖头的芦苇杆刻写在泥板上，然后晒干，长期保存。书写时将芦苇杆按压，按压的地方印痕较宽、较深，抽出时留下的印痕较窄、较细，呈现出每一笔开始的时候都较粗，收尾的部分都较窄、较细，像木楔一样的视觉效果。顾名思义，"楔形文字"就是这样来的。楔形文字

图1-1　楔形文字

图1-2　楔形文字

的发明对世界文化的发展做出了杰出贡献。

最早使用连续性图画来讲述故事的苏美尔人，将生活的场景、祭祀等活动记录在泥板上或器皿上。"乌鲁克出土的祭祀用的陶瓶，是迄今发现最早的描述性浮雕艺术作品。整个陶瓶的表面是四层横向的人物众多的图案，图案与整个陶瓶的形体紧密结合。最上一层是向戴冠、穿大袍的母神尹南娜献礼，部分场面残缺；中间一层是赤裸着身体的人们捧着各种贡物，列队向前；下面两层是肥壮的羊群和长势旺盛的谷物。"整个场景表现了一种祭祀场面，人们拿着丰富的贡物献给神，祈求在神的保佑下城邦繁荣，百姓安居乐业，有更好的收成。这种直线水平式的构图方式打破了以往散乱的构图格局，在表现手法上具有开创性的进步。

二、古埃及的"象形文字"和图形艺术及纸草纸

古埃及，世界文明之首，文字的重要发源地之一，象形文字（图1-3）是最早构成体系的古埃及文字素材，这种文字体系产生于公元前3000年。埃及的象形文字有30个单音字，80个双音字，50个三音字，也是直接能表示意义的图形符号。埃及象形文字中表形、表音和表意相结合，其意符和声符都来源于象形的图画。象形文字原意是"神的文字"，一般是指圣书体，多见于神庙、纪念碑和金字塔的铭文。这种字体和汉语不同，排列的方式是根据动物头部的指向来判断，可以向上写，可以向下写，也可以向左写，还可以向右写，每一个字符都可以单独使用，自由的书写形式和插图交相辉映，十分精美。

埃及图形艺术的产生和发展与埃及人的宗教信仰、丧葬习俗和王权思想关系密切，像亡者雕刻、墓室壁画等图形艺术品种繁多，成就辉煌。壁画除了装饰宫殿、庙宇之外，还用来装饰法老和贵族们的陵墓。其内容丰富，题材广泛，壁画直接以颜料勾线着色，线条富于质感和表现力，处理手法更加纯熟、大胆、自由多样。对女性肤色、华丽的服饰、各种饰品以及修长身材的刻画，更加生动地表现出作品色彩的华丽和人物的妩媚。底比斯梅纳墓的《农耕图》《渔猎图》，纳赫特墓的《三个女乐师》（图1-4）等是这一时期墓室壁画的杰出代表作品。雕刻多为正面形象，高大凝重，宏伟壮

图1-3　古埃及象形文字

图1-4　纳赫特墓的《三个女乐师》

观。在石板上记录的埃及第一位法老统一埃及战功的场景，奠定了此后三千余年埃及人物造型的基本样式。石板的正反两面均刻有浅浮雕，法老的形象高于其他人，这是埃及人用来突出显贵人物的表现手法。采用正面侧面混合的表现方法，以及水平条带分割处理平面空间的艺术风格，成为古代埃及图形艺术的主要表现形式。

埃及人以书写的形式将宗教条文、法律等记录在一种水草做成的草纸上，这种草纸就是所谓的纸草纸。纸草是一种水生植物，古埃及人在纸草中加入一些粉末、

溶剂、树胶和一些烧过的动物灰制成纸草纸。据考古证实，约前3600年—前2000年，古埃及人就掌握了这种技术。但是纸草纸并不能算真正意义上的纸。最初，古埃及人将纸卷成卷轴形式使用，后来为了方便，就单张使用以便制成抄本，书本就此出现了。现在纸草纸偶尔还用于绘画（图1-5），但水质和颜料会使纸张变形。

三、中国的"甲骨文"和"青铜文"

甲骨文又称契文、龟甲文或龟甲兽骨文，是中国的一种古代文字，被认为是现代汉字的雏形，是中国商代后期王室用于占卜记事刻在龟甲和兽骨上的文字（图1-6、图1-7），大部分甲骨文在殷墟被发现。商代的甲骨文兼有象形、会意、形声、转注、假借、指事等多种造型方法。在出土的甲骨卜辞中，发现有四千六百七十二个单字，学者认识的有一千零七十二个字，是中国发现的古代文字中时代最早、体系较为完整的文字。甲骨文的文献内容涉及当时的天文、历法、宗教、祭祀、气象、地理、农业、畜牧、田猎、交通、方国、世系、家族、生育、人物、官职、征伐、刑狱、疾病、灾祸等，是研究中国古代特别是商代社会历史、文化、语言文字的第一手宝贵资料。甲骨文因刻写材料坚硬，所以字体多为方形；刻写时刀有锐有钝，骨质有细有粗，所以刻出的笔画粗细不一，有时细如发丝，有时浑厚粗重。在字的构造方面，长短大小均无一定，或是疏疏落落，参差错综；或是密密层层，严谨庄重，给人以古朴多姿的视觉情趣。

我国的青铜器，是奴隶主和封建主为满足他们豪奢生活的各种用品，根据生活用途的不同，大体可分烹饪

器、食器、酒器、水器、杂器、兵器、乐器、工具等八类。商代后期的器体较厚，装饰花纹也变得精细复杂，出现了多层花纹，一般均用回纹衬地，形成主纹和地纹

图1-6　甲骨文

图1-7　甲骨文

图1-5　古埃及纸草纸

的对比。商代晚期至西周中期青铜器上的族徽是图形文字设计和应用的典范。所谓族徽（图1-8），是青铜器的器盖、器身上出现的徽记，不同于一般青铜器上书写的铭文，而是一种具有识别作用的图形化、符号化的文字。内容上包括器主的族名，作器者的私名、官职名，祭祀对象的身份、庙号等。作为图形文字的青铜器族徽，设计表现手法上有以图为主、图文结合、以文为主三种。形成虚与实、粗与细、线与面的对比，识别性很强。西周时期，青铜器作为葬礼之器的功能被强化，铭文的字数逐渐增多。族徽和长篇铭文并存的状态维持了一段时期，族徽就衰微了。在编排上，族徽作为图形，铭文（图1-9）作为文字，在出现长篇铭文后，族徽的识别作用依然突出，保持了主次分明的整体协调性，这种设计手法将版式设计推到了极点。

四、真正的"版式设计"开始

由于纸张的广泛应用和印刷术的发明，中国古代的平面设计在南北朝至隋唐时期发生了巨大的变革，尤其是印刷术在版式设计上的运用，在中国设计史乃至世界设计史上都具有十分重要的意义。

纸作为书写工具与文明的载体，记录了人类多姿多彩的生活面貌和历史变迁，并逐渐成为书写的主要材料。根据考古资料证实，中国在西汉时期已经发明了造纸术，到东汉中期105年，蔡伦对造纸术进行了革新，制造出优质麻纸和以木本韧皮纤维为主的皮纸，其纸张柔软，有弹性，折叠方便，易于保存。到隋唐时期，纸张还被广泛应用到工艺品、书法、绘画、生活用品及商品包装上。纸张的发明和运用，使其成为重要的物质材料。而这一时期雕版印刷术的发明和应用，改变了平面设计的传播方式和表现形式，起到了直接推动平面设计发展的重要作用。雕版印刷（图1-10）是我国最早的印刷，通过"制备木板—图文稿反贴于木板—雕刻反体图文—刷印于纸上"的主要工艺程序来完成。雕刻印刷所用的木板，一般选用纹质细腻、坚实的木材制成。首先将要雕刻的图文事先写在纸上反贴于木板上，进行雕刻，然后将墨汁均匀地刷在雕刻好的版面上，再把白纸覆盖在版面上，轻擦纸背，纸上即可印出画稿的正面图文。最后将纸从印版上揭下来，阴干即可。雕版印刷改变了文字和插图用手抄和手绘的古老形式，完全做到了文字和插图依靠印刷来完成。一名技术熟练的印刷工，一天可印1500～2000张，每块印版可连续印万次，大大节省了工作时间，提高了工作效率。其中世界上发现最早的有确切印刷日期的雕版印刷品当属唐代唐懿宗咸通九年（868）的《金刚般若波罗蜜经》（简称《金刚

图1-8　带族徽的青铜器　斝

图1-9　西周青铜器铭文

图1-10 雕版印刷

图1-11 《金刚经》

经》，图1-11），极具代表性。全书约一丈六尺（约5.33米），高约一尺（约0.33米），由六块长方形雕版刻成，分别印刷在六张纸上，采用卷轴装帧形式，图文并茂，扉页上刻有一幅精美的插图，即佛祖释迦牟尼在孤独园坐在莲花座上对弟子须菩提说法图。画面布局严谨，构图饱满，人物造型生动，神态逼真，线条流畅，刀法圆润娴熟，印刷清晰。整幅画面在设计上，长卷文字和扉页上精美的插图相互独立，但又相互呼应，融为一体，风格统一。可以说雕版印刷给平面设计带来了崭新的风格和审美韵味，真正的版式设计也由此开始。

五、设计时代的到来

平面设计与印刷有极其密切的关系，真正的版式设计开始是与印刷相联系的，因此可以说印刷技术产生的国家是中国，中国是奠定版式设计基础的国度。虽然毕昇发明了活字印刷术，但中国的印刷方法长期以来仍是采用整块木板进行刻制，欧洲的印刷虽然比中国的印刷起步晚很多，但是德国的古腾堡发明金活字印刷术以后，印刷业得到了突飞猛进的发展，摆脱了整个西方文化的落后状态，其印刷技术和方法在平面设计上起到了奠定基础的作用。

印刷是信息传播和储存的方法之一，没有印刷，也就不可能有现在平面设计的存在。印刷不仅包括包装、书籍、报刊、海报等印刷，还包括在包装物、纺织品、金属板等材料上的印刷。在制版和印刷工艺方面，又可分为凸版、凹版、平版和孔版四种基本方法。

凸版是最早出现的印刷方法。最早的凸版印刷是中国的木刻版印刷，图文部分高于空白部分，印刷时布拓

黑墨、覆纸、压印，油墨即从印版移印到纸面上。这种直接的印刷方法要以负形刻制，木板上的图文也必须是"反"的，这项工作只有经验丰富的技师才能胜任。约1423年，刻印的圣克里斯托夫肖像是欧洲发现的最早的木刻版印刷品。作为欧洲最早的书籍插图艺术家之一的丢勒，对木刻线条的运用达到了高度娴熟的地步，他的作品不但生动灵活，还具有很高的艺术价值，其中他于1498年创作的《启示录》（图1-12）是木刻艺术和插图中最具代表性、最杰出的作品之一。

凸版印刷是比较普遍的印刷方法，目前的凸版印刷由于材料和制版工艺的不同，有活字版、木刻版、铅版、电镀版、照相凸版、橡胶版、塑料版、光聚版、锌版、感光性树脂版等。数量比较大的报纸、杂志等印刷品多采用活字印刷。一般的书籍、刊物、普通印刷品，及要求有特殊效果的，比如烫金、烫银、压凸、成形等，都采用凸版印刷。

凹版的图文部分低于空白部分，方法与凸版正好相反。早期的凹版方法是在光滑的铜版表面用V形的锋利刀具刻画出来，然后用来制作底纹。因为所采用的材料铜版比较柔软，有利于对精细图形及线条的刻画，所以常常用来印刷纸币、债券、邮票、证书等非常讲究正式的印刷品。凹版印刷除了应用纸张外，还可以采用布、丝绸、塑料薄膜等为材料进行印刷。由于印刷工艺比较复杂，程序烦琐，时间较长，费用相对高，所以发展比较有限。

平版印刷是比较新的发明，大约在1796年由阿洛伊斯·赛内菲尔德发明的。印刷的图文和空白部分在同一平面上，利用油水相拒的原理，在平滑的石板上制成印

图1-12　《启示录》　丢勒

刷版面，效果精细准确。印刷模式由最初的单色印刷逐步发展成为多色的复色印刷，利用不同的色版叠加混合出不同的复色效果，其色彩变化丰富，没有任何一种印刷能比得上。多用于印刷色彩绚丽的商业海报、广告招贴、书籍装帧和精美的贺卡。现代的平版印刷已经进入到电子分色的高科技制版阶段，其精确度和原稿更加接近。由于平版印刷速度快、质量好、成本低，在现在印刷业得到了广泛的应用。

孔版印刷是图文由大小相同或大小不同但数量不等的孔洞或网眼组成，油墨透过孔洞印刷到纸张、纺织品、金属片、玻璃等材质上的一种印刷方法。这种印刷方法，最早在500年前后的中国和日本被发明并应用

的，欧洲直到16世纪才开始采用孔版印刷技术。现代的孔版印刷主要是丝网印刷，它的优势是不但可以应用在平面上，还可以印刷到弧面上，因此被广泛地应用在塑料包装、纺织印刷品、玻璃器皿、金属材料等方面。丝网制作成本低，色彩艳丽，受到现代艺术家的喜爱，比如安迪·沃霍尔和罗伯特·劳森伯等"波普"艺术的主要大师，多次采用丝网印刷为主要创作手法，在某些方面也促进了丝网印刷的发展。

真正的现代版式设计是从19世纪开始发展起来的，形成的主要原因是机械化的现代技术的崛起。1760年，从英国开始发生的工业革命一直持续了近百年的时间，新机器的发明和使用，促进了生产力的发展，使欧洲各

国迅速进入了生产力快速发展的新阶段。19世纪，由于工业革命的迅速发展改变了人类社会和物质文明的进程，随着生产力水平的不断提高，快速地进入到资本主义社会，社会中出现拥有相对稳定收入的中产阶级。这部分社会成员生活稳定，文化教育水平和消费水平不断提高，对商品的需求和消费直接影响到新产品的开发和设计，大量的商品、产品包装、报纸、书籍都需要重新设计。这促进了平面设计业的大幅度提高和出版印刷业的进步。19世纪，印刷业繁荣，印刷技术得到了革命性的进步。1810年，德国的印刷工弗里德利克·康尼格将印刷机的动力改为蒸汽，并将手工上油墨的方式改为滚筒上油墨，其印刷速度快得惊人。1814年，《泰晤士报》委托弗里德利克·康尼格设计了一种每小时印刷1100张的滚筒蒸汽印刷机。此后，报纸行业率先采用机械印刷的新技术，开辟了印刷业的新纪元。1815年，威廉·考柏把原来平面的字体改成弯曲的，这种新的印刷技术，能够与滚筒更密切地吻合接触，提高了印刷质量，并缩短了印刷时间。另一个促进印刷业发展的因素是纸张的价格，亨利·佛得利奈兄弟在完善冈布尔造纸机的基础上发明了连续式造纸机——佛得利奈造纸机，大大降低了纸张的价格，节约了印刷成本。1886年，美籍德国人奥图·麦坚索勒在一些同事的协助下，发明了世界上第一部"风箱式"铸字排版机，用自动化的排版技术取代了传统的手工排版，提高了工作效率，从而促进了版式设计的发展，设计时代到来。

随着印刷的发展、文化的普及，从19世纪下半叶开始，商业海报在欧洲蓬勃发展。法国的巴黎成为现代商业海报的一个重要发展中心。其中对法国的商业艺术、平面设计做出巨大贡献的海报设计家切列特被政府授予荣誉军团勋章，他设计的作品每年印刷量达到20万张，他采用的彩色石版印刷设计，色彩鲜艳，具有柔和的水彩效果，他的作品对当时的平面设计发展有很大的影响。在这次运动中，德国平面设计家创造了新的字体、新的插图、新的版面编排方式。代表人物是字体设计家阿道夫·科什，他创造的"纽兰体"全部大写，粗壮有力，极具装饰性。

这股设计的潮流也迅速波及到美国，美国的平面设计开始大规模地运用到商业广告上，其重要的创始人为美国的哈珀兄弟，他们分别是詹姆·哈珀、约翰·哈珀、弗里奇·哈珀和慧斯里·哈珀。他们创办了《哈珀周刊》，这份刊物是19世纪美国人最热衷的娱乐性读物之一，也是世界上最早的刊物。到19世纪50年代，哈珀兄弟开设的印刷厂已经成为美国和世界最大的印刷厂和出版公司。其中弗里奇·哈珀在1850年前后，已经成为美国重要的平面设计家，他的设计通过自己的公司出版，其设计风格影响美国的平面设计达半个世纪之久。

第二节　版式设计基本概念

所谓版式设计，即在有限的版面空间里，按照一定的视觉表达内容的需要和审美的规律，结合各种平面设计的具体特点，运用各种视觉要素和构成要素，将各种文字、图形及其他视觉形象加以组合排列，进行表现的一种视觉传达设计方法。版式设计是基础课程，是在对空间、形态、色彩、力场、动势等设计要素和构成要素认知和研究的基础上，对这些要素的组合规律、对它们的表现可能性及其与表现内容的关系进行全面学习研究，为以后的专业设计课程，如包装设计、招贴广告设计、企业形象设计（CI）等课程打下基础。学生学习好版式设计，可以有效地掌握画面的视觉元素构成、组合、排列的方式，处理好彼此间的关系，并在将来的各种视觉传达设计中可以直接地加以运用。

版式设计是广告画面的一种构成编排形式，是将图形、文字内容、色彩等视觉传达要素，依据广告的宣传主题诉求、有效的信息视觉传达而进行的组织安排设计。广告信息传播形式，虽具有和绘画相同的艺术属性，然而就其视觉传达的内容与目的来说却有着质的不同。广告从策划、创意到设计表现的全过程，都立足于广告诉求信息的有效视觉传达，宗旨是给广告受众带来深刻的印象和强烈欲望，从而促成购买、公益或政治等行动。因此，如何使广告要素通过一种完美统一、合理有序、符合人的视觉规律的结构编排形式，将信息迅速准确地传达给受众，充分发挥广告的功能作用，是版式设计所要研究解决的问题。

从某种意义上讲，版式设计是广告内容编排细节处理的具体化。类似建筑物的设计构筑过程，决定其形状的是建筑的主体结构骨骼，而采用什么样的门窗形、实体围合材料以及色彩与纹饰等处理，则是在建筑主体结构框架基础之上对建筑外貌整体特征的细部视觉强化和对其不同风格内涵的具体形式表达。同样，版式设计为广告要素的编排提供了一种框架骨骼，一种规划性、整体的对广告内容组合具有约束作用的构成形式。在此框架结构空间内，如何把图形、文字内容、色彩等进行大小、位置以及采用重复、对称、均衡、对比等艺术形式的排列组合，并对广告内容进行符合人的视觉流程规律的排序和具有形式美感的疏密、虚实、色彩等设计的处理，及对字体形状的选择等细节设计，都是版式设计研究的重点和任务，是广告内容的具体化、创造广告创意最佳视觉表现的编排设计形式，是达到广告目的不可或缺的重要步骤。

「_ 第二章　版式设计的形式及作用」

本章学习重点与难点
版式设计"形式美法则"的表现形式是本章的学习重点。受东方和西方的影响，设计不再受空间与时间的限制，版式设计的形式表达方式呈现出的多元化是本章学习的难点。

本章学习目标
掌握并理解版式设计的"形式美法则"，使学生认识到只有遵循这些形式，版面设计才富有生命力，才能更快、更好、更灵活地将信息传递出去，达到提升审美标准、设计观念、文化素养、价值取向等个性化艺术设计风格的目的。

建议学时
8 学时

第二章 版式设计的形式及作用

第一节 版式设计的形式

我们不断摆脱设计上的陈旧与平庸，并给设计注入新生命，追求新颖独特的个性化表现，有意制造出某种神秘、无规则、不尽的空间或者以幽默、风趣的表现形式来吸引读者，以符合设计界大的流行趋势的需求。在版式设计中，把有趣的图片进行巧妙编排，会营造出另一种妙不可言的空间环境，单调简单的视觉元素经过精心排版，同样会产生意想不到的视觉效果。这始终都会贯穿版式设计的形式美法则。只有遵循了这些形式，版面设计才富有生命力，才能更快、更好、更灵活地将信息传递出去。

一、简约化

简约化是现代国际版式设计的趋势之一。在当今商品经济十分发达的社会，在高科技手段充分利用的状态下，信息过剩成了普遍现象，再加上现代生活的快节奏，读者不仅希望得到的信息多，而且要好，更要求易于接受。怎样才能便捷地找到并获取信息呢？这要靠版式设计中简约化的表现形式来体现。应以一目了然为原则，以舒适和悦目为准则，进而满足读者的感官享受，减轻阅读疲劳。调查显示，一个人的阅读时间为10~30分钟，每一份信息分配的时间越来越少，随着注视时间的缩短，专注力也会降低，必然会导致信息传播方式的转变，结果当然是略过难以理解和较为复杂的信息，只汲取简单易懂的内容了，被放弃的信息自然也就失去了自身的传达目的。所以，版式设计的简约化形式显得尤为重要，简洁明快、直接切入主题更能被读者接受。把一个复杂的事物用简洁的形式表达出来，使之具有以小见大、以少胜多、以一当十的选择型特点。更形象化、更强烈、更生动、更简练、更准确地把信息传达出去才是目的。我们通常以报纸为例，它每天发布的大量信息远远超过读者的承受力。《新晚报》（图2-1、图2-2）的新闻版面设计特色鲜明，版面厚题薄文，长题短文，适度留白，色彩清淡，读者在众多报纸中一眼就能够认出它来，并能轻松地获取信息。其深入人心的特色必然成为赢得读者、赢得市场的决胜条件。版式设计是一门艺术，方寸之间，变化多端，只有很好地运用它，才能使读者赏心悦目，起到很好的宣传效果。如果表现形式不合理，整体编排就会变得生硬，使读者倒胃口，不愿继续看，信息传达得再清楚，也不会使读者产生愉悦的感受。版式设计本身并不是目的，设计是

图2-1 《新晚报》版式设计

图2-2 《新晚报》版式设计

为了更好地传播信息内容。当然，简约并不等于简单，编排的表现形式和信息内容，两者是密不可分的。内容始终占据主导地位并起决定作用，对设计师来说要考虑的事情很多。例如，怎样把设计运用到环境背景下，既要考虑历史和文化背景，还要考虑所运用的表现手法是否符合社会需求，如果只顾自身的展现，即使作品有了"第一眼效应"的抢眼效果，内容还是空洞的，无法与读者产生共鸣。在遵循简约化设计的形式下，设计作品既不能喧宾夺主，又要使作品具有艺术感，给读者以美的享受，这才是设计师应该做到的。

二、个性化

（一）设计必须跟上时代的步伐

设计与科学技术之间的关系是相互制约又相互促进的，这种相辅相成的关系，是由它的实用和审美的双重功能所决定的。一个时代的设计要采用当时最新的科技成果，采用最新的生产工艺，这样才能创造出人们乐于接受的与物质文化生活水平相适应的好的设计来。现今，科学技术的飞速进步，使人类经历了从工业化社会到信息化社会的转变，电脑开始越来越广泛地运用在平面设计上，迅速改变了旧的平面设计方式，形成了对传统模式和设计观念的冲击和挑战。数码化时代给平面设计带来前所未有的方便和快捷，对平面设计而言是一个非常大的转折。在设计师还在考虑是否用电脑的时候，连中小学生都开始用电脑上课并完成作业了，印刷厂、出版公司也都采用电脑排版。平面设计师开始大量转向使用电脑进行操作，使用电脑后的设计师开阔了全新的艺术表现和创作空间。

一种新工具、新媒介的出现，往往会产生一种新的设计语言，主要表现在图形设计、图像设计、字体设计、版面排版等几个方面。这一切应该归结于软件功能的开发，美国苹果公司在1984年推出了第一代具有可视化界面和鼠标的Macintosh电脑，包括专门为平面设计开发的设计软件及相关字体，为电脑在平面设计中的使用提供了可能；与此同时，美国Adobe公司开发出了具有被称为"贝赛尔曲线"的文字处理软件系统，为今后的版面文字处理软件系统奠定了基础；1985年7月，Aldus公司为苹果电脑公司的Macintosh电脑开发的平面编排

软件PageMaker，使PostScript字体系统有了更好的用武之地，设计完全实现了在电脑屏幕上进行，PageMaker也因此成为平面设计史上一个重要的发展里程碑，成为当今设计软件当之无愧的"鼻祖"，并由此诞生了"桌面"这个术语，特指平面设计师工作的平台。

1987年，Quark公司推出了比PageMaker功能更加强大的排版软件QuarkXPress。Adobe公司1990年正式推出Photoshop，因其强大的图像处理能力很快成为业界的标准软件。在这个时期开发出来的设计软件如Adobe公司的矢量绘图软件、Illustrator、Macromedia公司的矢量绘图软件、Freehand、Corel公司的兼具矢量绘图和排版两方面功能的CorelDRAW等在设计领域里有着自己的优势。另外，值得一提的是Adobe公司推出的专业排版软件InDesign，有望以其强大的图形设计、版面编排功能成为PageMaker和QuarkXPress的终结者。

此时的平面设计进入到了一个更广阔的新天地。21世纪新一代的设计师，由于媒体介质的不断扩展、互联网时代到来等因素的影响，平面设计的对象已不仅仅是海报、杂志、包装等，还增加到了国际互联网上的平面视觉传达。人们通过互联网，各国、各地区的设计信息相互沟通，时空的限制被打破，不会再因为距离而影响沟通。设计师甚至不用待在办公室里就能进行设计，和顾客之间都面临着更多的选择，双方可以进行远程访问就能达成合作的目的。互联网正式成为一种新的媒体广泛进入到人们的生活。而网页设计既可以以动态的形式也可以以静态的形式出现，是互联网上最具表现力的创造。网页的版式设计（图2-3），是在有限的屏幕空间上将视听多媒体元素进行有机的排列组合，将理性思

图2-3　ORG非营利性网站网页设计

维个性化地表现出来，是一种极具个性化的艺术表现形式。网页中的版式设计基本要素非常多，主要包括文字处理、背景颜色、图表、导航工具、背景音乐、视频播放、互动影像、小窗口、各种动态小按钮等。根据具体情况，选用各种基本要素进行个性化的网页设计，会出现意想不到的视觉效果。它和平面媒体的版式设计有很多共同之处，但是和书籍杂志的排版又有很大的差异。印刷品是有固定的规格尺寸的，而网页的尺寸是由读者来控制的，其设计难度是很大的。视觉时代的要求将随着科技的进步不断变化，紧跟时代的步伐使浏览者可以享受更加完美的视听效果，网页设计必将成为统率所有技术与艺术集合的核心。

　　随着人们审美情趣和欣赏水平的提高，到了20世纪90年代，在静态的书籍和印刷品之外又加入了动态、互动的多媒体，在传统的字体、插图、版面等设计元素中又加入了动画、电影画面，这大大地促进了平面设计的发展。随着艺术的日益商品化和新的绘画材料及工具的出现，插画作为现代平面设计的一种重要的视觉传达形式，以其直观的形象性、真实的生活感和美的感染力，在现代设计中占有特定的地位。插画在商品经济时代，对经济的发展起到巨大的推动作用，如影视多媒体中的角色、游戏宣传插画、插画图书、杂志、插画贺卡、动画的原画设计都被列入插画设计的范畴。插画艺术以其原创性和鲜明的个性，正逐步登上世界的舞台。美国是插画市场非常发达的国家，插画市场非常专业化，分成儿童类（图2-4）、体育类、数码类、科幻类、食品类、幽默类（图2-5）和纯艺术风格类等，整个市场非常规范，并拥有一大批专业的绘画家，人们欣赏插画已经成为生活中不可缺少的一部分。而日本的商业动漫作为插画产业的一个重要分支拥有庞大的市场和运作队伍。年轻一代则越来越倾向于使用电脑数码技术（图2-6、图2-7）。在韩国，插画尤其是数码插画异军突起，用数码插画设计出来的游戏成为国民经济第二大支柱性产业。在中国，插画虽然发展得较晚，但也必须跟上时代的发展。从中华人民共和国成立后的黑板报、版画、宣传画发展到90年代中后期电脑技术的普及，凭借持续的创造力，涌现出大批的插画艺术家，相信插画在中国也会被越来越多的领域所接受和采用。

　　设计在发展，人们的审美观念也在同步发展。"普

图2-4　儿童图书插画

图2-5　儿童幽默插画

列汉诺夫指出：'人最初是从功利观点来观察事物和现象，只是后来才站在审美的观点上看待它们。'（《普列汉诺夫美学论文集》）设计刚刚起源时，完全是出于实用的功利目的。随着社会的发展，人们逐渐有意识地

图2-6 日本插画师Kahori Maki商业作品

图2-7 日本插画师Kahori Maki商业作品

把实用目的和审美目的结合在一起。"设计的时代美，是一个时代审美观念的物态表现，只有将先进的科学技术和艺术相结合才能创造出富有时代性的设计产品。先进的科学技术能给设计注入新的物质功能，并形成审美观念。所流行的审美思潮，能使设计产生新的生命力。科学技术和艺术审美融合在一起，达到高度的统一。新的科技成果的运用，能使设计产生新的形象。新的科技成果的不断更新，又可以促进审美观念的转变，不断地

对新产品进行新工艺、新材料、新技术上的开发，从而满足人们对新的物质和精神的需求。

（二）我们身边的标识

当今的时代，是一个信息爆炸的时代。面对眼花缭乱、铺天盖地的信息，人们会感到茫然和厌倦。而标识设计在当今社会生活中，以其高度概括、美丽独特的视觉化语言和强烈明确的诉求力，吸引并感染着我们，在生活中起到不可代替的作用，同时也在设计领域占有重要的地位。平面设计走向国际化以后，标识的应用范围日趋广泛。作为商业上最重要的设计因素，其形式和特殊性就是要具备各自独特的个性，不允许有丝毫的雷同，标识设计必须做到简明突出、独特别致，追求原创性和与众不同的视觉感受。只有富于创造性、具备自身特色的标识，才有生命力。个性特色越鲜明的标识，视觉表现力就越强，价值就越高。它不仅是企业与商品的代表符号，也是保障质量，形成人与产品、企业与社会之间沟通的中介之一。20世纪80年代，欧美的标识倾向于共性，无个性。当人们看腻了千篇一律、墨守成规的雷同设计后，便期待个性化的标识出现。随着市场经济的日益国际化，标识必然要对具有不同文化背景的人们都赋予感召力。90年代以来，各公司意识到要使标识有影响力，就必须有个性。中国受到流传几千年的"大一统"思想的影响，企业在选择标识时往往是最"似曾相识"的被采用，无意中也走上了被发达国家抛弃的忽略个性的老路上。随着中国加入世界贸易组织，市场国际化，中国的商品必将具备自己的个性参与到国际竞争中去。出口的商品会越来越多，商品有自己个性化的标识尤为重要，在国外及时申请办理商标注册，将有助于提高我国商品在国际市场上的地位，更有助于发展我国的对外贸易。

标识作为一种世界性的语言和文明的象征，显示出了新的实用性价值。大多数的人们认为，收藏一件艺术品的价值是不菲的。很少有人意识到有时一个小小的著名商标的价值远远超出那些珍贵的世界名画。美国泛美航空公司标识（图2-8）是花了50万美金的酬金设计出来的，这数目并不亚于一幅世界名画的售价。当前一些世界驰名的标识身价高得惊人。据一些统计资料来看，价值最高的是万宝路标识（图2-9），价值310亿

图2-8 美国泛美航空公司标识

图2-9 万宝路标识

图2-10 可口可乐标识

图2-11 百威啤酒标识

图2-12 百事可乐标识

图2-13 雀巢咖啡标识

图2-14 轩尼诗酒标识

图2-15 LV标识

图2-16 芭比娃娃标识

图2-17 法国Hermes标识

图2-18 健力宝标识

图2-19 中国联通标识

图2-20 海尔标识

图2-21 森达标识

美元，相当于营业额的两倍；可口可乐标识（图2-10）价值244亿美元，相当于营业额近三倍；百威啤酒标识（图2-11）价值102亿美元，相当于其年营业额（62亿美元）近两倍；百事可乐标识（图2-12）价值96亿美元，相当于营业额（55亿美元）近两倍；雀巢咖啡标识（图2-13）价值85亿美元，相当于其年营业额（43亿美元）近两倍；轩尼诗威士忌酒标识（图2-14）价值30亿美元，相当于其年营业额（9亿美元）三倍多。LV（图2-15）、芭比娃娃（图2-16）、俄罗斯米尔诺夫伏特加酒、法国Hermes（图2-17）等名牌标识身价高于年营业额。美国可口可乐公司的一位经理说，即使一夜之间他的工厂化为灰烬，他也可以凭借"可口可乐"标识的声誉从银行贷款重建工厂。可见拥有个性化的品牌标识如同拥有一笔巨大的无形资产。标识作为一种世界性的语言和文明的象征，显示着独一无二的个性化特征。后起之秀的日本，随着工业和科学技术的飞速发展，有赶超美国之势。在工商业发展的过程中，日本非常重视标识设计。它在保持本土化特色的基础上，吸收外国，特别是美国的设计方法和艺术技巧，努力创造出自己的新风格和特色，经常举行大型的国内外设计展和学术报告等活动，甚至邀请名家设计，向国外专家约稿等。不断地进行变革和更新，这样便促进了日本整体设计水平和艺术表现力的提高。70年代的中国处于追求"洋货"的阶段，"洋货"首先从香港登陆的港货，紧跟着是日货，之后是美国货及其他欧洲国家的产品也陆续地进入到了中国的市场，形成了一种"产品没有洋名就不现代、不时髦，就没有市场，就没人购买"的观念，甚至产品的外包装上连句中文都没有，根本无法识别。80年代的中国，进入到"帝王将相"的阶段，"王朝"葡萄酒、"清妃"化妆品，"王府""帝都""帝王"等娱乐场所的名字都有所体现，根本没有什么名牌。经历了这些之后，商家和广大消费者意识到只有创造属于中国自己的、符合中国国情的本土化的品牌，才能与世界接轨，不处于落后挨打状态。改革开放以后，标识设计进入到了发展的成熟阶段。中国人创造出了自己的品牌，如健力宝（图2-18）、中国联通（图2-19）、海尔（图2-20）、森达（图2-21）等。此时中国的标识设计开始走上了与国际接轨、有本民族特色的康庄大道。

不论是法国、德国，还是美国、日本、中国，都伴随着国际竞争的日趋尖锐化，对本国的标识进行着不断地革新和创造，力求体现本上化的个性发展。国际市场的激烈竞争和不断开发，促进了各国间的相互交流和设计水平的提高，突出表现在逐步趋向世界化的通用语言和符号。标识的发展也逐步由复杂趋向单纯、明快；由厚重趋向清秀、挺拔；由绘画的表现手法趋向单一的图形表现；由一般的图形转向几何图形，其中字母和文字的变形占很大的比重。在设计创意上，由抽象的视觉元素取代具体的形象；在组织构成中以严谨的、鲜明的表现力展现现代标识的艺术特色。标识以它鲜明的个性，将信息以悦目给人以美的享受的艺术特征传递给受众。不论电视、网页、建筑、交通、工业、农业还是各种印刷品都离不开标识，它可以用最短的时间给人们留下深刻的印象，达到出奇制胜的视觉效果。

（三）文字的应用

语言是传达思想情感的媒介，而文字是记录语言的符号。从平面设计来讲，中国的文字——汉字被誉为"人类社会有史以来最伟大最成功的设计"。关于文字的起源，从大汶口文化时期的陶器上的图形化文字来看，它已初步具备了象形、会意的特点，这种被刻在陶器上的图形符号是一种图形化的文字，它的作用是用来强调识别，也可能是一种图形化文字的徽记设计。1899年在河南安阳县发现的龟甲和兽骨上的文字，到现在已有3000多年的历史，甲骨文是刻在龟甲和兽骨上的文字，是当时记载占卜的卜文（图2-22）。后来的金文是铸在青铜器上的铭文（图2-23）。在汉代发现的藏在孔子宅中墙壁内的经传和《春秋左氏传》（图2-24）中的文字叫作古文，统称为大篆。秦始皇统一六国后，经过李斯等人对秦文的收集、整理产生了小篆。古文字走向今文字时代的过渡字体是古隶（图2-25），它的特点是把小篆粗细相等的均匀线条变成平直有棱的笔画，用笔书写起来方便多了。古隶发展到汉代形成了工整、美观、活泼的今隶。真书也叫作正书和楷书，从字势来看，今隶向外散开，真书向里集中，形成了今天的汉字形体。印刷术发明之后，刻字用的雕刻刀对汉字的形体发生了深刻的影响，产生了一种横细竖粗、醒目易读的

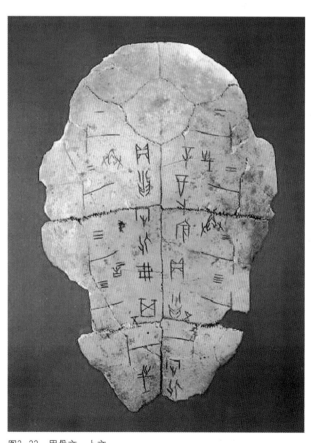

图2-22 甲骨文 卜文

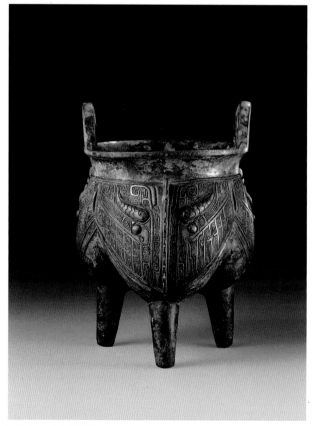

图2-23 青铜器铭文

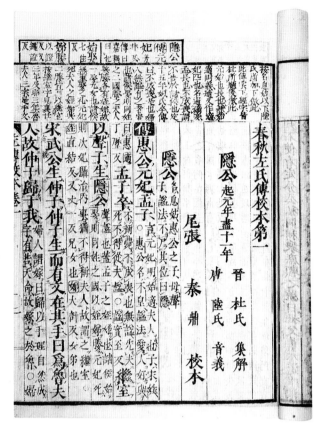

图2-24 《春秋左氏传》

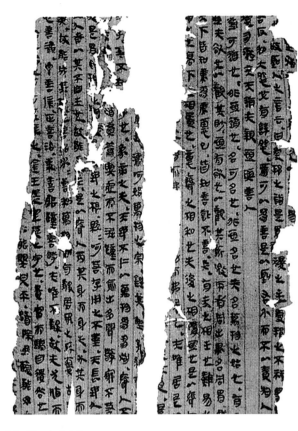

图2-25 帛书古隶

印刷字体，后世称为宋体。今天的汉字集优美的造型、动听的读音、美好的意义于一体，它具备了独特的个性。文字是一种约定性的记号，它具有视觉性。任何一种文字都有着它自身的意义，不能用任何一个文字去取代它。随着国际间大众文化的不断提高，人们对汉字的感知性和认知性不断加强，以文字为主体的设计也成了国际间设计发展的潮流和趋势。

文字的诞生是人类文明开始的重要标志之一。文字的运用和发展，拉近了人们之间彼此的交流。随着东西方文化对世界影响力的提高和在电脑中的成功使用，汉字的地位越来越受到重视，汉字是以图形、象形文字为基础，进而发展成为音、形、意三位一体的文字系统。而欧洲的平面设计可以迅速得到发展的原因和字母的普遍使用是分不开的，字母要比中国的汉字简单，比较方便用于排版印刷。单个字母比单个汉字占用的空间看起来更加灵巧，但单个字母只起到表音的作用，是无法表达清楚其意义的，这一点只有中国的汉字才能做得到。随着21纪网络文明等国际化的发展趋势，中国的视觉传达逐步加入国际竞争的行列。英文和汉字组合的方式

被设计师广泛应用，具有中国本土特色的汉字甚至作为标识的设计元素直接得到应用。汉字文字标识在识别性、标准化等方面都有很大的优势，文字在标识中的应用也极其广泛，成为现代设计中比较普遍的设计方法。如中国银行标识（图2-26）和中国工商银行的标识（图2-27）分别采用中国汉字的"中"和"工"字为设计元素，加以变化字形从而表现出来。无论在视觉上还是听觉上都给人以直白的美感，是对源远流长的中华民族传统文化的传承，同时也是对中国文化深刻理解上的融合再现。

图2-26 中国银行标识

图2-27 中国工商银行标识

在书籍的版面设计中，文字同样是设计的重要元素。我们将文字图形这些有限的视觉元素根据特定内容的需要，进行有机的排列组织安排在一定的版面上。书籍封面的文字非常重要，这些文字有主次之分，它不但要具有"易读性""可读性"，还要具有"可视性"，在版式设计中尤其要加以充分注意。版面的设计首先要受书稿的内容制约，而书籍设计者又必须要从读者的视觉生理条件来顾及与其相应的心理反应。所以版面设计不仅是美感的创造，更是技术与艺术的高度统一体。书籍封面的构图，必须以文字特别是书名为主，书名是整个构图中的主角。尽管画面上的图形、色彩、线条常常很突出，但它们在封面设计中永远从属于书名，是为书名服务的。书籍字体不同于其他广告性字体，以端正为主。书籍中变化较丰富的是书名，一般选用较粗的字体，如琥珀体、粗黑体、综艺体、特圆体等。如果是儿童读物，一般就会选用粗圆体或是日本体作为书名字体，这样才能显得活泼有童趣。如果是关于古诗词的书，大多会选用隶书、魏碑等较有古意的字体。有些书籍的封面设计没有任何图像只有文字，设计风格完全是在字体形式与趣味中做文章。例如，《翻开》这本当代书籍设计的书籍封面，整幅版面只有粗黑体的两个字"翻开"，但表现得极其丰富，主题非常突出。另一种是把单调连绵不断的文字版块排列得井然有序或别具风格，甚至每行字每段字的排列组合都在传递着不同的信息，同样具有个性化的表现，使读者产生轻松、愉快的阅读心理，获得好评。

没有一种媒体能像招贴那样，在一张纸上反映着如此丰富的思想内涵，并迅速有效地传递出具有个性化的信息。招贴设计独有的大尺寸的画面、强烈的视觉冲击力、卓越的创意构思，形成了现代招贴的主要特征。招贴设计以它超强的视觉吸引力，独具创意的表现魅力，包罗万象的表现内容，逐渐成为一个相对独立的设计艺术种类，是当今大众喜闻乐见的艺术形式。在这其中，自然优秀的创意构思功不可没，创意是招贴设计的灵魂，彰显个性的构思，出奇制胜的表现，能够使招贴作品具有生命力。一幅没有思想的招贴不能打动人心，只有在招贴作品中注入灵魂，其作品才会深入人心。但文字的可读性强，是最直接传递信息的表现形式，以文字为主表现招贴就成为必不可少的手段。在当今的信息化

时代，招贴受到电视、广播、报纸、杂志等多种媒体的挑战与竞争，但它们始终不能取代招贴。招贴设计以它独特的方式出现在各种公共场合，远距离就能吸引社会公众的注意力，具有时效性强、信息传递快等特点。文字作为招贴设计的重要组成部分，它已成为视觉传达的公共语言。招贴设计的广泛性以及艺术表现和技巧传递的多样化，为人们构建新的思想、理念提供了空间。文字型招贴是招贴设计中的一个大类型，作品表达非常广泛，因为文字一直是一个经久不衰的话题。字体不同，风格不同；组合不同，感受也不同。在设计中，由文字构成的线往往占据画面的主要位置，成为构成的主要对象。线能构成各种装饰要素和形态轮廓，它们具有界定、分割各种形象的功能。文字在招贴设计中也同样发挥着重要的作用。中国传统的汉字以其图形化、符号化的语言已被设计师成功地应用到招贴设计中。如1996年梁小武设计的海报《停止扩张》（图2-28），将汉字的"武"字拆开，有"止""戈"之义。设计师用文字排成战船的形式，在上面又加上拆分后的"武"字，如同在战船上盖上一个停止的印章，用来传达停止战争的概念。还有韩家英1997年设计的《天涯》（图2-29）海报之一、利用文字变形设计的"城市印象"系列海报等都是运用文字进行设计的。

随着设计时代的到来，设计软件提供了成百上千种字体，大量的文字通过电脑被应用到各个领域。文字的鲜明个性是版面的创作灵魂，在创作中敢于思考、别出心裁，多一点个性少一点共性，多一点独创性少一点雷同，才能赢得消费者的青睐。

图2-28 梁小武海报《停止扩张》　　图2-29 韩家英海报《天涯》

三、符号化的体现

在编排设计中，构成设计的最基本的应用要素应该是字母、汉字、数字和标点符号。可以说，对早期平面设计影响最大的应该是西方字母的发明。英文字母系统起源于拉丁文，拉丁文的文字和中国的文字一样，都是随着人类社会、文明发展的脚步而产生并发展起来的。"它起源于图画，它的祖先是复杂的埃及象形字。大约6000年前，在古埃及的西奈半岛产生了每个单词有一个图画的象形文字。经过腓尼基亚的子音字母到希腊的表音字母，这时的文字是从右向左写的，左右旋转的字母也很多。最后罗马字母继承了希腊字母的一个变种，并把它拉近到今天的拉丁字母，从这里翻开了拉丁字母历史有现实意义的第一页。受各个时期艺术思潮的影响，西方字母演变出多种形态和形式。希腊文字和手抄本的高度发展是在公元前500年左右，那是雅典的黄金时代，文学、艺术兴盛，文字更加规范，字体也更加均匀和平衡。当时的罗马手抄本具有两个明显的特征：广泛采用插图和广泛进行书籍、字体的装饰。而中世纪时期的手抄本具有更高的象征功能、装饰功能和崇拜功能，同时书籍也出现了装饰华贵的大写第一个字母。"最终，西方字母经历了埃及—腓尼基—希腊的演变之后，被西方世界广泛地应用直到现在，它是世界上普遍使用的书写系统。汉字是世界上最古老的文字之一，经过几千年的演变，汉字在造型上由复杂的图形逐步发展成抽象、简练的笔画，由象形逐步演变成象征；在造字的原理上，从表形、表意逐渐发展成形声。汉字是世界上唯一形、声、意三位一体的文字，它具有高度的概括性和简洁性。而对于应用汉字以外的其他国家，汉字只保留住了形，声和意则无法表现出来。随着电脑技术的普及与应用，如综艺体、彩云体、简长黑美体、圆头黑体、特粗黑体、特粗宋体、创艺体、流浪体等字体的出现为版式设计的编排开拓出了广阔的设计空间。我们在从事设计时应重视应用汉字的设计，在传达信息和为大众服务时更应该弘扬我们民族的文化和精神，使富有中国本土特色的设计走向世界。数字也是协调地融入到内文中不可缺少的抽象元素。而对于版式设计来讲，语调符号或其他记号等标点符号都是最基本的。这些最基本的元素在版式设计中不断地相互转化、重组，形成新的构成要素。比如一个字母可以单独运用，也可以兼容并蓄地灵活运用，多个字母就会形成词，多个词的组合就是一句话，多句话就会构成一个段落。应用在版式设计中就是点、线、面的再现。同样一个汉字在视觉上以一个点的形式出现，一行字就形成了线，一片字在视觉上就形成面。在版式设计中的点、线、面不单指一个具象的点，或是一条直线，或是一个实面之类的。由于字母、汉字、数字和标点符号所形成的点、线、面之间是不断转化的，其中任何一种元素都可以作为转换元素使用，可把这些抽象的元素转换成具体的表现内容，也可将这些具体的内容打散成单个的元素。如果再加上多个元素在宽度、高度、间距、形状、方向等方面的变化，更会使版面产生灵动的视觉效果和虚实的空间变化，甚至是错觉，有时会制造出等级效果，引导读者一步步看完文中的讯息。

（一）版式设计受西方的影响

现代平面设计特别是版式设计受西方的影响很大。西方的立体主义、未来主义、达达主义、超现实主义和现代主义在形式和风格上对平面设计特别是版式设计来说起着相当重要的促进作用。

立体主义是现代艺术中最重要的运动。"立体主义运动"起源于法国印象派大师保罗·塞尚。他在1990年前后，开始探索绘画的"真理"，他提出"物体的演化都是从原本的物体的边与角简化而来的"。他创作了大量的风景绘画，采用小方格的笔触来描绘山脉、森林，他得出的"自然的一切，都可以从球形、圆锥形、圆筒形去求得"的理论成为立体派绘画的理论。立体派重视直线，忽视曲线，运用基本形体开始几何学上的构图，把所画的物体划分成许多不同的小平面，强调画中的长、宽、高和深的表现。他晚期的作品，深深地影响了青年一代的艺术家。特别是立体主义最重要的奠基人——西班牙的青年帕布罗·毕加索和法国青年艺术家乔治·布拉克。在1907年到1908年之间，开始以小方格的笔触描绘风景和人物。在具体的创作上，他们的风格日益抽象。1912年，毕加索和布拉克发明了拼贴和纸拼贴的新技术（图2-30～图2-33）。他们打破了以往的传统艺术的局限，除了色彩的运用，还加入了其他的材料，如旧杂志、旧报纸、海报残片、废公共汽车票、音

图2-30　毕加索作品

图2-31　《格尔尼卡》　毕加索

乐曲谱等。直到现在，这种拼贴的方法在版式设计及绘画中也常常被运用。对现在平面设计特别是版式设计而言，立体主义提供了现代设计的形式基础，更包括对具体对象的分析、重新构造和综合处理。

　　未来主义运动是意大利在20世纪初期出现于绘画、雕塑和建筑设计的一场影响深远的现代主义运动，是一个为摆脱历史制约，崇尚和借助机器的力量进行创作的艺术流派。它的开端，是以意大利费里波·马里涅蒂于1909年2月在法国报纸《费加罗报》上发表的《未来主义宣言》为标志的。费里波·马里涅蒂则成为未来主义的奠基人，他认为"一辆轰鸣着飞驰而过的汽车，看上去是炮弹的飞奔"要比任何传统绘画美得多；他反对任何传统的艺术形式，认为速度、战争的暴力才是代表未来的实质，真正的创作灵感应该来自意大利和欧洲的技术成就。1910年，一批青年艺术家开始试图把马里涅蒂的思想通过绘画表现出来。未来主义的准则就是"动就是美"，反对复古主义，反对一切模仿的形式，主张抛弃传统的趣味。他们绘画的核心是表现了对象的移动感、震动感，趋向于表达速度和运动。为了达到未来主义精神，捕捉到运动、速度的实质和立体主义在意大利融合在一起。对于平面设计来说，未来主义体现在它的

图2-32　立体主义《亚维农的少女》局部　毕加索

图2-33　立体主义《艾斯塔克的房子》　乔治·布拉克

众多的未来主义诗歌和宣传品的设计上，更趋向于对文字自由排版。他们认为写作和印刷版式本身可以成为具体的视觉表达形式。1913年，意大利佛罗伦萨出版家吉奥瓦尼·帕比尼在出版的《拉巴谢》杂志上，发表了自己的诗歌，其中自由布局、纵横交错、排版自由、字体各种各样；文字不再是表达内容的工具了，完全是一种无政府的状态。对他来说主要是字母的混乱造成的韵律感，而不是字母本身代表和传达的实质意义。未来主义在平面设计上提供了高度自由的编排借鉴，采用自由的、无拘束的构图方式，将抽象的视觉元素在画面中进行自由的穿插和重叠。特别是现今电脑在设计上的广泛应用，使未来主义风格的设计变得时髦和风尚，排版也更加容易。未来主义对文字和字母组合有独到的见解，通过对文字的字体和大小进行自由的安排和布局，达到完全设计自由化的目的，这对版式设计的灵活排版起到很大的推动作用。

达达主义强调自我、非理性、荒谬和怪诞，杂乱无章是这一时期的真实写照。达达主义运动发生在第一次世界大战期间，是一些小资产阶级知识分子对社会前途感到失望和发展感到困惑而发起的一个高度无政府主义的艺术运动。"达达"这个词本身没有什么特殊的含义，是运动者在词典中随便翻出来的，可见这次运动的荒诞行为。达达具有强烈的虚无主义特点，具有有目的的非目的性，有组织的无政府主义，有计划的非计划

性，是知识分子的一种情感宣泄。但这次运动吸引了越来越多的艺术家参加，他们还组织了一系列前卫的艺术展，和当时世界现代艺术的一些杰出画家同时展出。其中包括立体主义的奠基人毕加索、意大利超现实主义画家乔吉奥·契里科、德国表现主义画家保尔·克利，以及俄国表现主义画家瓦西里·康定斯基等。为这次运动的作家和诗人设计插图的扎拉是最早以随意撕纸，把随意撕破的纸重新组合成作品的艺术家，也是以随意性和偶然性为创作核心的代表人。达达主义这种对传统的大胆突破，对偶然性、机会性的强调是对传统版式设计的新突破。这种以拼贴的方式设计的版面对平面设计产生的影响很大，版面表现出来的无规律化、自由化，与未来主义的只重视视觉效果有很多相似之处（图2-34～图2-36）。

超现实主义运动是继欧洲达达主义之后的另外一个重要的现实主义艺术运动，它认为在一切活动中语言、文字、绘画、设计都是人为的、不真实的、虚假的；只有人类潜在的意识、自发的、无设计的、突如其来的、无计划的才代表真理，才更真实。而"超现实"是指凌驾于"现实主义"之上的一种反美学的流派。超现实主义的正式开端是1924年布里东《超现实主义宣言》的发表，这种思潮在艺术界、戏剧界、文学界、电影界都得到认同。1925年，布里东鼓励一批艺术家在巴黎举办了第一个超现实主义展览。其中"契里科的作品最具有典

图2-34　达达主义时期作品《波兰骑士》

图2-35　达达主义时期作品

图2-36　达达主义时期作品

型的意义，他的绘画反映了他在意大利都灵的印象，反映的不是真实的都灵，而是梦中的这个文艺复兴加上工业化的都市——冷漠、严峻、人的失落、荒凉和非人情的隔膜，是知识分子在这个时期惶恐心理状态的描绘。而德国画家恩斯特的作品，是利用维多利亚时期的腐蚀版画插图进行下意识的混乱拼贴，充满了莫名其妙的动机，显示艺术家的潜在意识和偶然性的行为。达利的作品（图2-37）更加天方夜谭的奇想和荒诞的梦呓的现实描绘，从莫名其妙的写实拼合中反映了下意识在艺术创作中的作用。而米罗、玛逊的作品，则是以抽象的几何形式表现自己的潜意识"。他们的作品揭示了人类的精神世界和在潜意识中的一些真实的感受。在美术、文字、雕刻、戏剧、版面、舞台、建筑、电影等方面也都有很大的影响。在平面设计上的影响主要是意识形态和精神方面的，对将来的设计观念在创造性上起着一定的促进作用（图2-38、图2-39）。

现代主义运动是指19世纪八九十年代兴起的一系列反传统的美学和文学思潮的总和。现代主义设计产生在欧美的工业技术迅速发展，新的商业广告、产品广告、商业海报、公共标识和大量的书籍不断地冲击市场的前提下，是为了解决这种新旧交替的状态而产生出来的。而摄影，原本只用作记录真实的世界，但受现代主义运动的影响，摄影不再仅仅作为一种拍摄手段。1912年，艺术家弗朗西斯·布拉贵尔开始了纯艺术途径上的探索，尝试摄影的多次曝光技术，创作出了纯抽象的摄影技术。摄影作为现代版式设计获取图片的重要手段，对日后的平面插图和平面设计的发展起到很大的促进作用。现代主义设计的思想和形式基础主要来自俄国的"构成主义"、荷兰的"风格派运动"和德国的"包豪斯"。构成主义强调几何图形与对比，注重形态与空间之间的影响，主张用长方形、圆形、直线等构成抽象或半抽象的画面或雕塑，从根本上改变了艺术"内容决定形式"的原则。构成主义代表埃尔·李西斯基对平面设计特别是版式设计的影响最大。他的设计运用简单、明确的纵横版面编排为基础，版面中只有简单的几何图形和纵横的结构，文字全部是无装饰线体。他还广泛地采用照片剪贴来设计插图和海报，为今后的版式设计打下了坚实的基础。所谓风格派，也就是"新造型主义"，是一种以创造一种普遍语言为目的的美学运动。风格派追求和谐、宁静、有秩序，造型中拒绝使用具象元

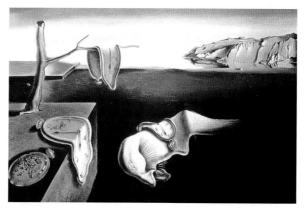

图2-37 《记忆的永恒》 达利

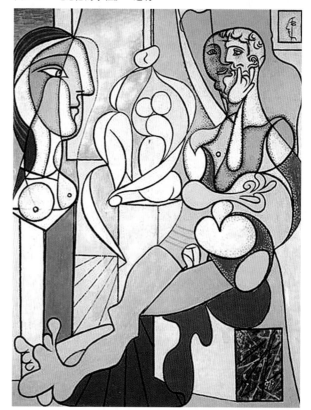

图2-38 超现实主义时期毕加索作品《雕塑家》

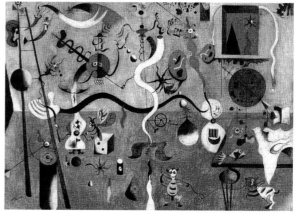

图2-39 超现实主义《哈勒群的狂欢节》 米罗

素。在创作中不需要表现个性和特殊性，只利用抽象元素的抽象化和单纯性表现出数学的纯粹精神即可。其组织者和核心人物《风格》杂志主编杜斯伯格在版式设计中，利用纵横方向的粗壮直线将版面划分成若干部分，这种直线骨骼使得版面具有稳定性，同时这种简洁的垂直骨架增强了信息传播的实效性，形式上给人以舒适和谐的感觉。对版式设计上的影响在于所采用的非对称式构图方式，在其中仍能找到视觉平衡的设计方法，至今仍被应用。"包豪斯（Bauhaus）是由德文Bau(建筑)和Haus（房屋）组成的，意为'建筑之家'，音为'包豪斯'，是20世纪初在德国创办的建筑及产品设计学校。1914年，格罗佩斯接替范·德·维尔德担任魏玛工艺美术学校校长。1919年3月20日，在格罗佩斯的积极组织和筹划下，魏玛艺术学院和魏玛工艺美术学校合并成一所设计学院，取名'国立魏玛包豪斯'，简称包豪斯。这是一所以建筑为主，包括纺织、陶瓷、金工、玻璃、印刷、舞台美术及壁画等众多专业的设计学校，目的是为了培养高水平的建筑师、画家和雕刻家，使他们成为有能力的手工艺人和具备独立创造性的艺术家，形成一个带动时代潮流的艺术家和手工艺家的合作集体。"包豪斯发展了现代主义设计风格，它的发展历程就是现代设计诞生的历程，它打破了将"纯粹艺术"与"实用艺术"截然不同的陈腐落伍的教育观，提出现代工业与艺术必然要走向结合，为现代主义设计指明了方向。包豪斯的产生奠定了现代设计艺术教育的基础，初步形成了现代设计艺术教育的科学体系，是现代建筑史、工业设计史和艺术史上最重要的里程碑，为日后的平面设计和版式设计的教学工作提供了坚实的基础。

（二）版式设计受东方的影响

中国是一个具有五千年历史的东方文明古国，中国的传统艺术创造被应用到平面设计中。版式设计已不仅仅是一种单纯的技术编排，而成为一种艺术的高度统一体。中国版式设计的形成特点，可以从中国传统纹样、文人字画、木版年画中的框线加色块的方法中找到答案。其中以版式设计借鉴国画中的"留白"艺术和国画中的"虚实"艺术尤为突出。

"留白"是中国画的一种特殊的构图形式，是中国传统绘画中一种独特的视觉语言。国画传统上不加底色，它的布局非常重视"空白"，"留白"的地方非常多，这种留白产生着神奇的魅力。我们习惯上把这种留白的布局归纳为"疏""密""聚""散"，虽然不着笔墨，却与笔墨相互发生，画面的层次感才能更强，空间感才更添灵动性。中国画中有的画面把空白作为整个背景，以突出画面所描绘的人物、花鸟或其他对象；有的画中的空白，可以代表天、水、云、雾、雪等，从中由情感衍生出很多意味，比如广大、单纯、静谧等。例如，南宋马远有幅画《寒江独钓图》（图2-40），画中只见一叶小舟和一个正在垂钓的渔翁，整幅画中没有一滴水，却让人感到烟波浩渺，满幅皆水，给人以无限遐想；正所谓"此处无物胜有物"，能获得如此超绝功效是因为大师运用了"空白"的高招。也有的画面中则不表示任何客观或实体的事物，而是蕴含某种感觉或精神。在版式设计中借鉴国画中的"留白"艺术，可以很好地承托主题，集中视线和拓展版面的视觉空间层次，更好地完成版式设计上的空间分割，达到国画中的"疏可走马，密不通风"的视觉效果。在版面上巧妙地留有空白，有利于更加有效地烘托画面主题，增加版面设计的艺术性和鉴赏力，有利于集中读者的视线，使版面布局清晰、疏密有致，避免图形文字紧密地排列在版面上的呆板局面。在版式设计中，整体的布局主要看图片、文字、色块等元素组合在版面中形成的整体感觉，同时也不能忽视细节，适当地留白则可使版面布局疏密得当、气韵生动、虚实合理，可使视觉元素在一定的空间范围内显示出最佳的视觉张力。"留白"不单单只限定

图2-40　《寒江独钓图》　马远

在平面设计这一范畴，更是版面设计的需要，它不是依靠简单的留白来体现高品位，也不是单纯地指在视觉平面上留下一定的空白空间以达到设计目的的方法，而是以平面的视角审视更广泛的设计空间，以及它所带来的新的思维和创作方式。如果运用不同的材质或是多样的表现方法，如模糊的、透明的、立体的、空间的，相信在整个版面中必然会呈现出与众不同的魅力。运用中要注意，留白也是一种版面资源，不可滥用。过多的留白使版面看起来松散无力，让人觉得没有"真材实料"的内容。留白应与版面的文字、图形、色彩、线条、底纹、背景等统一考虑，并充分运用版式设计原理和审美理念，通过留白使整个版面融为一体，相互呼应，达到布局清晰、疏密有致的视觉效果。留白作为一种经典的传统平面设计语言，不论是书籍、包装还是建筑、环艺，都有它的存在。随着社会发展的步伐，必将被广泛地应用到各个领域。

在国画创作中常说的"无画处皆成妙境""意到笔不到""用心在无笔墨处"都是对于国画中虚实关系的具体体现。中国画中的"虚实"："实"是指画者落笔的地方，是有形有神的部分；"虚"是指画者未落笔墨的地方，是无象无形的部分。例如中国的山水画，树、屋、桥、山、石是画者着笔的重点，是"实"的部分，而水、烟、雾、雪等通常是以空白出现的，属于"虚"的部分。"虚""实"两者之间相互生发，相互依存，实因虚而活，虚因实而现，称之为"虚实相生"。齐白石画鱼、画虾但从来不画水，只留下大片的空白，但观赏者却可以通过鱼虾栩栩如生游动的姿态，感受到清澈透明的水的存在（图2-41）。

中国画中的"虚""实"到版式布局中的正负形的运用是一种实与虚空间结合的状态，利用此状态完成版面的设计，才能使版式设计气韵生动，给人以不尽的遐想空间。在版式设计中，我们所编排的图形、文字等构成元素是"实"，细腻的文字、色彩、负形或留白可以称之为"虚"。在设计中，为了强调主体，我们往往有意地削弱次主体，被削弱的部分就是"虚"；也有时利用一定面积的留白来衬托主体的"实"。"虚""实"空间相互作用，互相影响，虚的空间有时比实的空间在设计上更显重要。版面设计是一种艺术，现代视觉传达理论认为，它不仅要实现其传达信息的功能，还应让人产生感官上的美

图2-41 《虾》 齐白石

感，因此必须有艺术美。在传统的版式设计中，由于受版面限制，设计师一味地追求版面的信息大容量，版面被排得满满的，密不透风，没有主次关系之分，使读者产生抵触情绪，不愿再读下去。有些还加上了没有任何作用的边框、花边、网纹等做修饰，结果适得其反，简约的现代主义风格才是版式设计的主流。

作为设计者的我们，在版式设计时要注意版面的信息要主次分明，"虚""实"得当，并强化各个元素之间的连贯性，使读者可以自然地由主到次地阅读欣赏，产生视觉上的愉悦感。还要用心地去设计空白，使空白与视觉要素有机地结合在一起，力求简洁的、整体性的视觉传达设计，使整幅作品更富有艺术感染力和视觉冲击力。

四、现代性数字空间设计的探索

21世纪，随着互联网技术与经济的飞速发展，人类的发展正以前所未有的速度前进。物质文明和高科技的相互促进，给版式设计带来了新的机遇与挑战，多媒体技术的发展为新时代背景下的版式设计提供了技术支持。世界各民族根据自身的特点和设计思维上的不断需求和完善，对文字、图形、色彩提出了更高的要求。版式设计从形态上的平面化、静态化开始逐渐向动态化、综合化方向转变。

（一）平面在二维状态下的新思维空间

原有的平面设计是在二维的空间里以图形、字符等作为传播语言的设计语言表现形式。由于电脑技术的不断进步，平面设计拥有了越来越大的创作和想象的空间。社会、人文自然科学、人类意识又在不断地变化中，在这些变化中必然会产生局限性和新的需求，为了适应这种变化，必然会在传统意义上的二维空间中表现与传达出更为深邃内涵的视觉空间。1988年，美国洛杉矶设计师艾普尔·格莱曼把三维视觉空间引入到设计中，明确地探索电脑提供的三维和更复杂的空间表现方向。在新技术、新理念的推动下，处理图像上运用的重复、渐变、透视、错位等方法给我们带来了崭新的立体思维空间。而运用电脑表现的影像合成、透叠、方向旋转、图像的滤镜特殊技巧等多种处理方式则形成了一个多维空间的版面。呈现在大家眼前的这个版面不再是一个简单、单一的构成关系，而是多视点、矛盾性的空间层次的立体化再现。这种表现不仅超越了语言和文字的功能，更是对自身过去的超越，所产生出的前所未有的艺术形式，必将成为当今版式设计的又一发展趋势。

电脑已广泛进入到设计领域，成为必要的设计工具，软件的不断开发和应用，给版式设计带来了实现创意的无限潜能和高效率。数码媒体和多范畴组合的崭新手法，开创出一条新颖的丰富多彩的设计领域。人们利用数码设计大大节约了设计时间，能快速地提出设计方案并进行修改。著名图形处理软件Adobe公司的广告词是这样说的："没有做不到的，只有想象不到的。"对于任何一种新的艺术形式的产生来说，必将对人们的审美意识产生重要影响。版式设计从二维的平面样式演绎到三维立体空间，创作空间还会继续拓展到四维、五维，不论是从传统印刷媒介转化到数字信息的传播，还是从构图、培养视觉美感等方面力求达到的最快地审美，都大大地开阔了人们的审美视野，都是历史性的变革趋势。版式设计视觉方式的不断演变，反映着设计文化的发展，也呼唤着与其相适应的新的设计理念与设计策略的出现。

（二）设计的多元化

在当今信息发达的社会，各种媒体频繁地出现，新的

媒体与传统媒体优势互补，共同推动人类信息传递方式的进步。于是设计的表达方式呈现出新鲜、多元化的形式。随着网络、电视、电影、电脑等多媒体的流行，拓展空间越来越宽广，各种视觉的图形、图像、影像等不再受空间与时间的限制。

网络时代的审美需求是对平面视觉传达设计美学的一种继承和延伸，其版式设计的研究对象与表现形式都有一定的相似性。网络图文插播、音频在线点播、视频直播和滚动文字讯息的出现，对版式设计整体构成产生很大的影响。二维的平面版式设计多以纸张作为信息载体发布新闻或者资讯，如报纸、杂志等。应用的视觉要素包括图片、插图、色彩、文字等形态要素，读者可根据自己的需要自觉地选择阅读。它具有印刷量大、发布广、方便携带、信息接收深入、可反复阅读的特点。而互联网络设计却有着一个相当灵活的设计空间，它不仅具备平面版式设计的所有特征，包含了丰富的图形、动画、文字等资料，还增加了动态元素、声音、电影、电视的图像、时间、空间等新的要素。是继报纸、广播、电视三大传统媒体之后的"第四媒体"，是超越三大媒体之上的数字化媒体，是一个庞大的设计新天地。国际互联网络是由美国国防部高级研究项目总署APRA在20世纪60年代开发的，1991年由于美国政府的投入，网络进入到学校，到1997年，世界已有3000万个账户，截至2000年，美国有1/3的家庭上网。网络版式设计以计算机设备作为载体，具备传播速度快、覆盖面广、信息更新迅速等特点。网络媒体比平面媒体的信息更新要快得多，交互也更加及时。如一份报纸还没排版印刷出来，信息可能早就在互联网上挂出来了。即时性和更新周期短成了网络新闻传播时效性强的形象表述，其中网络媒体中即时插播和持续更新发布的动态元素对版式设计整体构成会形成很大的影响。网络图文插播、音频在线点播、视频直播和滚动文字讯息的出现让网络新闻传播的时效性和动态特征优越于平面媒体的传播，但是在带宽瓶颈制约下，网页切片的规律以残缺的块状或条状逐步显示，或是直接显示download等待页面，在阅读上造成不快和等待，这在平面媒体中也是不存在的。平面设计中的版式设计是一门重要的学科，但探索网络媒体版式设计新的概念和方法也是势在必行的。在网络版式设计中，对平面设计中版式设计理论照搬和沿用是不对的，

应该研究其共同点及存在的差异性，开拓出设计的新起点。

在面临网络媒体迅速发展的今天，作为大众媒体的电视已经进入到数字化技术的时代。电视媒体不仅面临着报纸、杂志和广播等传统媒体的竞争，同时也面临着网络媒体的竞争。以美国来说，"国际互联网风行以来，电视收视率减少了30%"。大量晚报、都市报已经迅速地完成了自身的转变，以"贴近实际、贴近生活、贴近群众"为目的，不断完善新闻理念、经营思想、营销策略，以最快最便捷的方式服务于大众。数量众多的广播媒体也凭借自身快捷、方便等特有的优势，不断适应市场强化运营，采取种种措施增强吸引力和竞争力。面对大众传播媒介的竞争，电视频道必须准确定位，以

满足部分受众的需求。另外，中国电视市场潜力巨大，电视媒体行业内的竞争也很激烈，众多大大小小的电视媒体为了提高收视率，抢占收视市场，纷纷投入力量生产好的电视节目，产生了各电台开发个性的新构型，以声音、文字和图像为基础的电视文本重新构型成为主要的解决方案。如"央视频道的不断更新"。为了培养稳固的受众群体，逐步走向专业化传播的道路，央视频道不惜花费高昂代价，不断更新界面，严格要求频道专业化，力求打造专业品格，赢得受众和市场。21世纪，物质文明和高科技的飞速发展，使得人类世界的发展正以前所未有的速度进行着，所呈现出的新鲜、多元化的形式拓展的空间越来越宽广，所应用的版式设计正发挥着日益重要的作用，其发展前景是不可限量的。

第二节　版式设计的作用

作为将广告内容在一定的二维、多维空间内进行展示的手段，版式设计所做的工作，首先是将各种信息构成要素根据广告主题和创意的要求，进行均衡、调和、律动、空白、视觉导向等视觉的关联与配置关系设计，使这些要素相辅相成、和谐地出现在一个画面上，成为一个具有活力与形式美感的有机结合体，以发挥最强烈的诉求效果，提供正确而明快的信息。成功的广告版式设计无一不具有这样的特点作用，能够左右受众视线，让画面有一个明确的视觉导向，能使广告各要素之间产生内在联系，形成一个重点突出、简洁明快、完整而富有视觉美感的信息体。它既符合人们认识过程的心理顺序，又有利于瞬间抓住人们的视线进行有效的视觉传达，使广告达到预期目的。因此，广告版式设计以其不可取代的职能作用成为广告设计及其创意的一个重要组成部分。

一、增强广告创意的表现力

一个新颖独特、能够准确反映广告诉求主题的创意，如果没有一个恰当的形式表现，那么这个创意便会大打折扣，从而黯然失色。创意表现于形式，只有当形式恰如其分地反映创意内涵、达到内容与形式高度统一时，才能称其为一个完美的设计。版式设计的作用就在于为广告创意图形、文字等元素找到一种合乎创意最佳

表现的组合结构形式，以最大限度地增强广告创意的视觉表现效果。

二、提高广告画面的注意价值

一件广告作品的展示首先应当引起受众的视觉注意，这是广告作用的第一步。版式设计的作用在于通过对广告画面创造性的精心编排设计，充分地发挥各构成要素的机能，以优异的视觉构成形态与良好的设计格调、印象效果，有力捕捉住观者目光，使受众对广告画面由无意识注意变为有意识注意，在瞬间第一感受的过程里就能把目光吸引到最具感染力的主题创意形象上去，从而激起受众的兴趣、提高注意价值。

三、广告信息的迅速、准确传达作用

优秀的版式设计应该具有良好的可视性，即视觉流程的合理、通畅。视觉流程既是一个视觉传达过程，同时也是一个由总体感知（第一印象）、局部感知（感知过程）、最后印象三个感知阶段组成的心理感知过程。当受众对广告画面予以注意后，如何将广告信息在短时间内准确迅速、集中有力地进行传达，是版式设计要解决的重要问题。在广告设计中，信息主要通过直观的图像、文字的概念、色彩与形体等所构成的总体的感性印象及心理感受来传达。把这些传达特定信息的载体元素

按照人的视觉流程规律与法则进行精心的构成组合，使它们在组合中产生主从、轻重、曲直、疏密的合理变化，由此形成视觉流程顺畅、形态清晰悦目、富有节奏变化、布局新颖有趣的广告版式，让受众易于辨认、阅读、理解，能够迅速把握住信息的内涵并容易记忆，最终完成广告宣传树立品牌形象、刺激诱导消费、促成相关行动的任务。

四、艺术审美与风格表述作用

版式设计在作用于特定功能需要、达到广告宣传目的的过程中，同时也因广告设计的艺术属性而具有审美作用。符合不同时代人们审美标准的版式设计，其形式本身便能产生审美价值，它不但能够通过一种艺术的样式给人带来感官和心理愉悦，产生审美情感、得到精神上的享受，而且更易于打动人心，产生感情共鸣，有利于信息的传达记忆，以及对产品或企业等形成良好的印象与增加信任度继而促成行动的决定。风格表现于形式，不同风格的广告作品反映出设计者不同的设计理念与文化内涵。广告作品的画面结构、版式安排及其字体选择、表现手段、色彩处理等，能够从一个侧面反映出作者的审美标准、设计观念、文化素养、价值取向等个性化艺术设计风格特征。

「_ 第三章　版式设计的构成元素」

本章学习重点与难点
版式设计中文字、图片、色彩之间的相互关系及应用是本章的学习重点和难点。

本章学习目标
掌握设计原理，合理运用文字的字体、间距、行距，图片的位置、面积、数量及方向，色彩的设计要素等相关内容。提高学生设计作品的视觉感染力和冲击力、次序感、节奏感、协调性等艺术效果。

建议学时
8 学时

第三章　版式设计的构成元素

广告设计中的构成元素一般是由商品名、商标、插图、文案等组成的。版式设计着重研究的是画面中各种视觉要素与构成元素等的构成方法和规律。

从设计的艺术角度来说，版式设计更多的是分析画面中的文字、图片、色彩，它们之间的相互关系(图3-1)，以及整体形成的视觉感染力和冲击力、次序感与节奏感等艺术效果。因此，我们可以把文字、图形、色彩作为版式设计的基本构成元素。

第一节　文字

广告的文字应包括标题（headline）、正文（body text）、标语（slogan）、商品名、公司名称和地址等。

标题是表现广告主题的短句。它是广告文案的重要部分，应放置在最引人注目的位置。标题在版面中具有图形的视觉效果以及广告文案的说明效果。因此，在设计时既要注意标题字体的选择，又要注意其文案内容的可读性。

正文又称说明文。它是标题的发挥，是对标题的详细解释。一般来说，广告的正文是驱使读者走向广告目标的短文，它通过建议引起读者的兴趣，提供给读者所需要的信息与情报，促使读者采取购买行动。

标语又名"口号"，它是显示商品性质及企业风格的完整短句。可以放在版面中任何位置。如果放在醒目位置，就可代替标题使用，而广告标题只能放在醒目的位置（图3-2）。

品牌名和公司名称在设计时应注意适合于传播的要求，在广告中品牌名应位于较重要的位置，而公司名称一般位于版面下方或者较次要的位置上，使版面主次分明、简洁统一和整齐美观。

好的文字编排应是符合艺术形式规律的，会给人以美的享受。运用文字编排设计的作品在广告中占有较大的比例，也有一些广告构图是纯以文字构成的（图3-3、图3-4）。由此可见文字在现代广告中占有重要的地位。

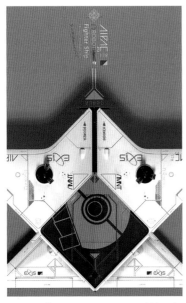

图3-1　德国Christian Grajewski科幻飞船飞行器与机甲设计

图3-2　Side by Side

图3-3 2017TYPO伦敦排版设计
研讨会品牌重塑海报设计——
美国Brian Liu

图3-4 Charles Williams

图3-5 Typosophical by Stefan Wuschinska

图3-6 Burger King平面创意广告，Interone
广告公司作品

图3-7 Daily Inspiration创意字体

一、字体

在广告设计中不论使用外文还是汉字，其字体一般
分为三大类：印刷体、美术体、书法体。

如果在一幅广告版面设计中，所采用的是同一种字
体，那带给人的视觉感受将是单调和乏味的。各种字体
所带来的不同风格、款式以及表现手法都将会给广告
版面中的特定环境带来新鲜血液和视觉上的享受（图
3-5～图3-7）。但是，大量的不同字体是否都可以应
用到设计中呢？结果不然，有些字体被用来掩饰设计中

的弱点，成为装饰品。也有人认为好的字体可以拯救一
幅很差的作品，不好的字体则需要为作品的失败负有责
任。其实，成功的版面编排设计依靠的是字体的排列、
尺寸，各行的长度，文字行与行之间所留的空间，而不
是你选了哪一种字体。事实上，广告中的文字重要的还
是表达思想内容，而不是字体的款式。所以，广告中的
文字应根据版面选择单纯、易辨识的字体来表现，以寻
求一种朴实、直接的信息情报视觉传达。

广告字体作为视觉传达重要的表现手段之一，既是商业文化的信息载体，也是时代精神的体现者。因此，广告字体的运用能在当今的诸多信息传播领域中起到很好的信息沟通作用。

二、间距

在广告设计中，文字的编排十分重要。无论中文还是外文都应按其基本结构与组合规律使用。字与字之间是由均匀的空间分隔而成，如果字的间隔过大，就会在视觉上给人一种破碎的感觉；反之，字的间隔过小，则会使字与字之间没有足够的区隔，造成阅读上的困难。

在编排设计时，字的间隔若是整齐一致，就会造成文章右边的无法对齐。为了让右边对齐，就必须在字与字之间分配一些额外的空间，但这样也易造成各行字间隔的差距。因为字间隔出现了很明显的差距，右边对齐的文章看起来往往很不平均又不规则，特别是在栏宽很窄的时候，所以前后一致的单字间隔要比各行等长重要得多。内文里头的单字间隔均等，会使人阅读起来比较轻松愉快。如果一定要让文章内容的每一行都等长，就可以在标点之后减少一点字与字的间隔，使整篇文章在视觉上前后一致（图3-8）。

外文字母的基本结构与汉字有所不同，字母与字母之间的空间在版面设计时更应注意。设计时为了增加某个字体的美感或内文的易读性而加宽字母之间的间距，但是这样也许会毁了它们。一些不好的编排通常不是因为字体的选择不当，而是字母间隔的安排过于松散、拥挤或不规则所造成的。

在内文中正确的字母间隔与平衡很有关系。怎样才能分隔这些字母而又不会失去其中的联系呢？问题的答案就在字体和尺寸上，以及设计者想要达成的视觉效果。在应用电脑编排时，大多数的设计软件都有其默认的字母间距，在这种情况下所形成的段落性文字，看起来会很拥挤，需要增加一些字母间距来增加文章的易读性和美感。标题多采用大写字母，通常其字母间隔都需要减小一些，各字母之间的空间，只有在整体观看之后，才能决定该多给一些空间还是少给一点空间，使视觉上达到平衡。大写字母的间距通常由它的外部空间来决定，像字母C、D、G、O、Q和L、T、V、W、Y的外部空间不同，所拥有的间距就不同（图3-9）。因而需要做视觉上的调整，以追

图3-8 佐藤可士和作品

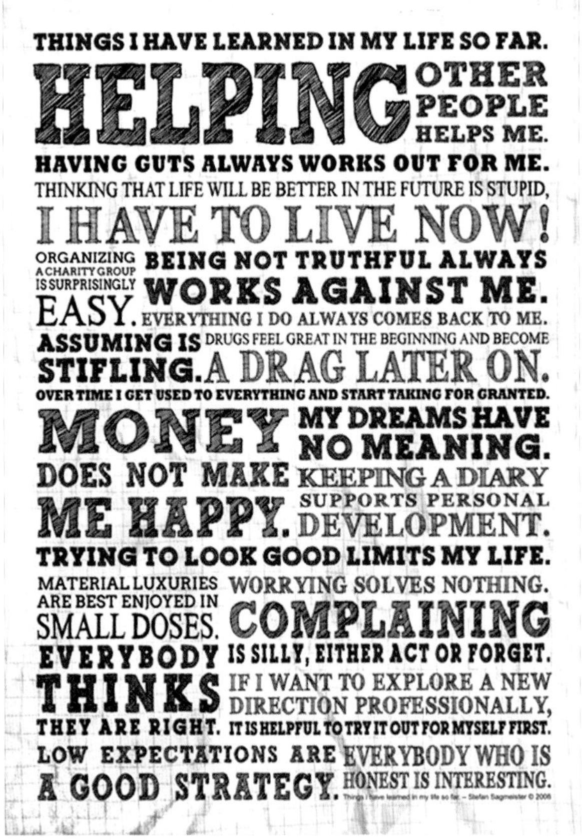

图3-9 Typosophical by Stefan Wuschinska

求视觉表现的平衡与整体的和谐。

三、行距

行距是指文字行与行之间的距离。成栏排列的文章，看起来既整齐又规范，便于人们阅读，这与行距有密切的关系。为了让眼睛能够轻松地在行间进行转换，行与行的间距一定要大于单字的间隔才行。行距与所用字体的高度有关，一般是字体高度的1/3或1/2（图3-10）。即使字体尺寸相同，行间距也相同，在文章中的短行看起来空间就是比长行开阔一点。在广告版面设计中经常会采用不同大小尺寸的字体，应注意文字与空

间的对比关系，这样可以加强构图的美感。如果版面空间有限，可采用小一点的字体行距，它的效果就比大的字体好得多。总之，合理掌握字体与版面空间的关系对整个广告的视觉效果关系重大。

广告文字主要是表达广告的思想内容，因而从字体的选择到空间的安排，都要能够清晰地传达这些内容。要根据宣传的内容选择恰当的字体，不宜过多过杂，缺少统一感。要使人易于辨认，视觉舒适，人们才有兴趣阅读。进行版式设计时要有明确的方向性与顺序感，以便观众阅读（图3-11）。

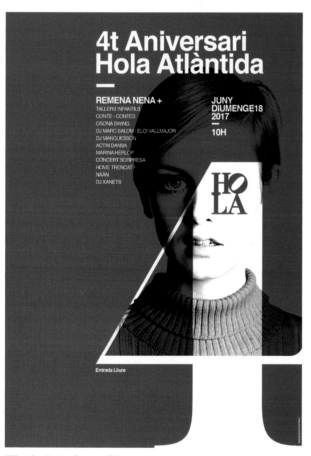

图3-10 Xavier Esclusa Trias

图3-11 东京艺术大学毕业展海报

第二节　图片

图片在广告版面设计中占有很大的比重，是广告版式设计元素之一。它的主要功能包括吸引消费者的注意力，快速有效地传达广告的内容，抓住消费者心理反应，把视线引导至文案内容。好的图片能将广告内容与

消费者自身的实际联系起来，以艺术的形式将广告主题形象化，给人以美感，使消费者感兴趣，并想要进一步地了解广告中的有关内容和细节，使消费者的视线从画面转入广告文案（图3-12）。

图3-12　国外优秀创意广告海报

一、图片的位置与面积

　　图片的位置、面积大小及数量多少会直接关系版面的视觉传达效果，进而影响消费者的阅读兴趣。

　　通常情况下，当一幅版面出现在人们眼前时，人的视线会更多地注视上、下、左、右及视觉中心处，编排时有效地控制这些视点，恰当地安置图片，使版面清晰、简洁而具有条理性，会更好地吸引读者视线（图3-13）。

　　在版式设计中，图片面积的大小对版面形象有决定性的影响，面积越大表现力越强。在设计时那些重要的、吸引读者注意力的图片应被特意放大，次要的图片则需缩小，达到主次分明的视觉效果，这样在整幅版面上就形成了视觉跳跃感（图3-14）。大尺寸的图片更有吸引力，从大到小的观看顺序，是人们自然的视觉习惯，以大小差别示意主次顺序，是视觉传达设计的典型方式。

二、图片的数量

　　版式设计中图片的数量也会直接影响版面的视觉效

果。单一的图片版面，简练优雅，使画面增加凝聚力，起到强调加强的作用。图片数量少而形成的高格调，常常会创造一流形象的广告（图3-15）。图片数量增加，版面气氛比较活跃。但过多的图片会使主题不够明确，读者频频地阅读会失去兴趣感。多角度跳跃式地安置图片则会给读者带来新鲜感，营造热闹的版面氛围，引起人们的阅读欲望（图3-16），但应注意不能给人以松散的感觉。设计者根据版面的内容精心安置的图片及浏览空间会更多地增加视线的停留时间，从而达到传达信息的目的（图3-17）。

三、图片的形式

　　在广告设计中，根据画面的需要使用图片的版式多种多样。

　　方版，是图片最基本、最简单、最常见的表现形式。图片的四周留出白边叫作方版，这是正规版面的基本形式，具有平稳、安定、严谨、大方的感觉（图3-18）。

　　出血版，图片充满不留白边，称为出血，这种版式

图3-13 电影海报

图3-14 电影海报

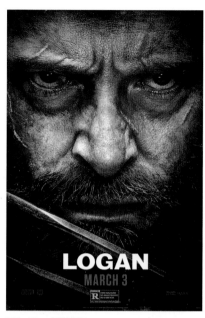

图3-15 电影海报

图3-16 电影海报

图3-17 电影海报

图3-18 电影海报

具有向外扩展、自由、舒畅的感觉（图3-19）。

退底版，图片根据内容需要剪去主体形象的背景形成退底，退底后的图片，其外轮廓呈自由形状，具有清晰分明的视觉形态，给人以轻松自由、平易近人的亲切感（图3-20）。

另外，随着计算机技术的发展，设计师处理图片的方式增加了更多技术手段。浅网图片就是利用计算机技术减少图片的层次。淡化图片来衬托主题，渲染版面气氛。

磨切式，这种图片周边不露边界向外延伸，逐步淡化，给人一种无限开阔的感觉。

利用现代计算机技术对图片进行夸张、扭曲、变形，甚至为了营造氛围改变图片本身的色调和原有的规律。这样可以改变图片本身的限定，再现出灵活、新颖、独特的全新视觉，使画面更具有神秘感。

四、图片的方向

在整个版面构图编排中，图片的方向也起到引导视

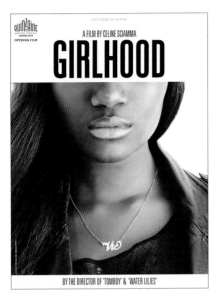

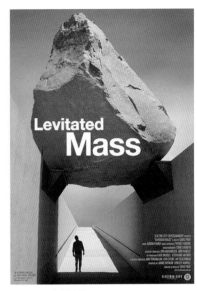

图3-19　电影海报　　　　　　　　图3-20　电影海报　　　　　　　　图3-21　电影海报

觉的作用。如果图片本身带有一定的方向性，整幅版面表现的内容就会更加明朗。因为人们在观看时，往往是眼睛会从一端慢慢移到另一端，视线的运动上下方向比左右方向运动困难，这是人类的一种视觉习惯。因此，图形一般安排在视觉的自然习惯位置上，以吸引观众的视线，使其按照视觉习惯路线流动。图片处于中心，并左右对称时，会带给人庄重、平稳的感觉，此时阅读信息可处于图片的垂直或水平方向。图片的倾斜方向，则会带给读者灵活、放松的感觉，根据倾斜的指向性可以阅读到图片指引的内容，这种间接的手法所表现的形式感更强。图片的三角形编排可把视线引向主题，起到视觉引导的作用，这样主题会更加明确（图3-21）。

　　另外，图片的方向性也可以通过画面中人物的动势、视线的方向，画中的主次关系、空间层次等方面的变化来获得（图3-22）。

　　总之，广告设计的图片编排，必须了解视觉规律与特性，符合艺术规律，充分体现设计者创意构思的形式美，更好地宣传广告所传达的内容信息。

五、插图的应用

　　从平面设计角度，插图在版式设计中应突出中心，成为视觉焦点。通常正文中的插图应排在与其有关的文字附近，并按照先看文字后见图的原则处理，文图应紧紧相连。如有困难，可稍前后移动，但不能离正文太远，只限于在本节内移动，不能超越节题。图与图之间

要适当排三行以上的文字，以做间隔，插图上下避免空行。版面开头宜先排三至五行文字后再排图。若两图比较接近可以并排，不必硬性错开而造成版面零乱。总

图3-22　电影海报

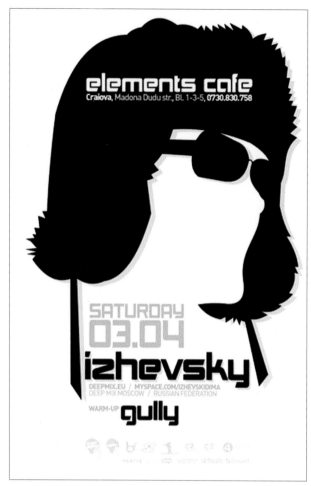

图3-23　罗马尼亚设计师Alex Tass海报设计

之，插图排版的关键是在版面位置上合理安排插图，插图排版既要使版面美观，又要便于阅读（图3-23）。常用插图排版的基本原则和图文处理办法如下：

1.图随正文的原则是插图通常排在一段文字结束之后，不要插在一段文字的中间，而使文章中间切断影响读者阅读。一般在各种科技书籍中都有各种大小不同的插图。在安排插图时，必须遵循图随文走、先见文、后见图，图文紧排在一起的原则。图不能跨章、节排。通栏图一定要排在一段文字的结束之后，不要插在一段文字的中间使文章中间切断而影响阅读。

2.当插图宽度超过版心的2/3时，应把插图左右居中排，两边要留出均匀一致的空白位置，并且不排文字。即当插图的宽度超过版心的2/3（一般32开串文在8个五号字以下；16开串文在10个五号字以下）时，插图不串文字且居中排通栏。在特殊情况下，如有些出版物，版面要求有较大的空间，即使图较小，也要排通

栏。而多数期刊则要求充分使用版面，4个字以上即可串文。辞典等工具书，为了节约篇幅，一般不留出空白边，图旁要尽量串文。

3.当插图宽度小于2/3时，一般的排版原则是插图应靠边排（图旁排有正文文字，故称卧文图、串文图或盘文图）。如果在一面上只有一个图，图名应放在切口的一边；如果有两个图，图名应对角交叉排，上图排在切口，下图排在订口，上下两图之间必须排有两行以上的通栏文字；如果有三个图，则应作三角交叉排，即将第一图及第三图排在切口，第二图排在订口。也可将第一、二图并列排通栏，第三图排在切口。除了一般的排法外，有些书有特殊的要求，则应按照出版社规定的版面设计的要求来排。例如，有些书要求不论单、双面一律将图靠版右侧排。如果不受版面空间的限制，应尽量避免把插图排在版头和版尾上，也不要把串文图排在版心的四角处；尽量做到版头版尾各有两行通栏长文，再排插图。这样，不仅版心四边整齐不秃（光）头，而且也便于版面的改动。

4.串文图的三面都有文字，当排串文图时，图与正文之间的留空应不小于一个正文字的宽度，最少不得少于正文行距的宽度。

5.分栏排版插图在版心中置放的一般原则是小插图应排在栏内，大插图则可以破栏排。即在分栏式的版面中，小插图可排在每栏的左边或右边。若同一面上有两个小插图时，应交叉排；若图幅超过一栏而不够通栏时，则应跨栏排；若排中间插图（天窗式）或通栏图时，最好是居中偏上一些，这样比较美观。

6.出血图。即图版的一边或几边超出成品尺寸，印刷成书时，在插图图版的切口处要切去2~3mm。排出血图的目的是为了美化版面，同时还可使画面适当放大，便于欣赏。这种版面在期刊、画册及儿童读物中使用较多，可避免呆板单调，提高阅读兴趣。排出血图时，应当了解该书的成品尺寸，一般以超过切口3mm为宜。

7.超版口图。超版口图是指边沿超出版心宽度而又小于成品尺寸的图版。超版口既可以一边超出，也可以是两边、三边或四边超出。超版口图在成品裁切时，以不切去图为标准。因此，为保证图面的完整，图的边沿距离切口应不小于5mm。超版口图如果占去书眉和页码

的位置时，该版可不排书眉和页码。使用超版口图有两种情况：一种是为了美化版面而有意设计成超版口图；另一种是由于图幅较大，而不得不采用超版口的方法来解决。有意设计的超版口图，多排在切口一边的上角或下角。

在实际排版中图和相应的正文难于靠近时，可采取以下方法灵活处理。

第一种方法。当正文排到版下角，恰巧遇到插图，同一面上已没有空间，则会出现若先排图，正文会排到下一面；先排正文，图就要排到下一面。在这种情况下，如果这两版是对照版(双码跨向单码)，即不需要翻页就可看到图和正文，则可以接排。当从单码跨向双码时，就应尽量避免图文分离过远。

第二种方法。插图一般不能跨节排，出现插图跨节排时，应设法调整。比较难处理的情况有两种：其一是本面版末图排不下时，如果将图排在下页，就可能出现跨节现象。这时应将图排在本面版末，而将本节的几行正文排到下一面上。其二是当串文图较长时，在串文部分出现节题。这种情况一般很难用其他方法调整解决，而只能将节题排在串文处。

第三节 色彩

现代版式设计中，色彩由于在广告宣传中独到的传达作用、识别作用与象征作用，正成为广告宣传极为有力的手段，受到设计者越来越多的注意与重视。运用色彩进行广告版式设计，需要通过大量的实践才能逐步地提高这方面的能力（图3-24）。

一、色彩的作用

在广告中充分利用色彩能吸引人的注意力，以达到广告宣传的目的。这也是国内外广告专家广泛研究的成果。从视觉科学上讲，彩色比黑白和灰色更刺激人的视觉神经，因而彩色广告具有强大的吸引力。

彩色画面能够真实地反映人、景、物以及真实地表达产品的质量。真实感是增强买家对产品信任感的强有力的广告手段。

借用色彩的不同，易于人们识别。透过不同商品各自独特倾向的色彩语言，使买家更容易识别和产生亲切感。

色彩能使看的人产生各种感情与联想。这种感情与联想取决于看的人的主观性质，其中虽有不少个人因素，可是一般共同的东西还是很多的。用色彩时应根据要看的对象以及要达到怎样的情感效果去选择色彩。

色彩具有不同的象征性含义。对人们来说，色彩的联想具有共通性是由于传统造成的，比如经常以某个色彩表示某种特定的内容，于是此种色彩就变成了某事物的象征。色彩的象征在世界范围内有共通性，但是根据民族习惯也存在不少差异性。

图3-24　萨凡纳音乐节

图3-25 阿尔巴尼亚Vasjen Katro 365每日抽象海报设计系列

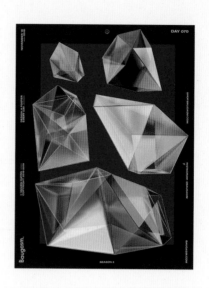

图3-26 阿尔巴尼亚Vasjen Katro 365每日抽象海报设计系列

适当地配色编排，会使画面更加美丽，具有较高的审美性，能使消费者留下好的印象，并在记忆中留下深刻的视觉印象（图3-25、图3-26）。

总之，欲使色彩在广告设计中发挥更大的作用，设计者应该充分了解色彩特性。应广泛地研究了解色彩的感觉、联想和感情，色彩的象征，以及不同消费者对色彩好恶的倾向，并在研究和应用中，从增强广告效果出发，充分运用好色彩这一重要媒介。

二、色彩的基本要素

色彩的色相、明度、纯度被称为色彩的三要素，各种千变万化的色彩效果都是由三种要素的关系变化决定的。

色相是每种色彩的相貌，是区别色彩种类的名称。按照色相环上的位置所形成的角度，可分为邻近色、类似色、对比色、互补色等类型。色环中两色所处的角度愈小，色彩的共性愈大。反之，两色所处的角度愈大，色彩的对比性愈强，调和性愈弱。处于直径两端的互补色对比最为强烈。各种色彩按照一定的关系组合排列，互相之间构成了调和与对比的关系。红色系会给人以温暖的感觉；蓝色系给人以清冷的感觉。因而，在色相的各种关系中，冷色和暖色两个群组的关系是最主要的关系之一。在版式设计中，色彩的冷暖常常是画面主要的

表现要素。

明度是色彩的明暗差别程度，也是色彩高度或深浅差别的程度。色彩本身有各种不同的明度，如在色环中黄色明度最高。即使同样色系中的色彩，也有明度差异，红色系中，粉红色明亮、深红色暗。再比如红和绿，虽然是不同的色系却可以有明度相同的红和绿。在版式设计中，也可考虑适度的明度对比所带来的调和感。人们也常常用高调、中调和低调来概括各种色彩明度的分类。只有适度的明度对比才会带来调和感（图3-27）。

纯度指色彩的纯净程度。纯度在配色上具有强调主题、制造多种效果的作用，在版式编排设计中，高纯度与低纯度的色彩可以给画面完全不同的视觉表达力，而运用不同纯度的色彩，则是调节画面色彩关系的重要手段（图3-28）。高纯度的色彩容易引起注意，决定了它在版式设计中最主要的位置，同时还应考虑因为视觉距离的远近带来的强与弱的对比变化。

三、色调的构成

色调是指各种色彩组合成一个色彩整体的构成倾向。即版式设计中全部色彩所造成的总的色彩效果。

色调的类别很多，它的形成是色相、明度、色性与纯度、面积等多种因素综合造成的，其中某种因素起主

图3-27 Hybrid Design

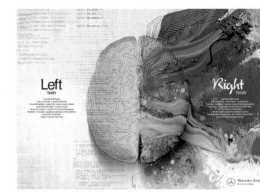

图3-28 奔驰汽车广告

图3-29 耳机广告

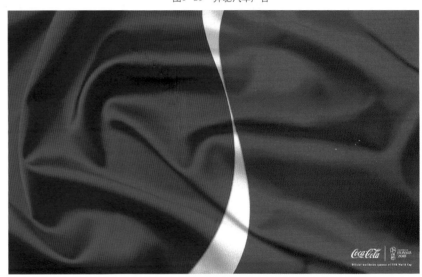

图3-30 FIFA国际足球联盟——可口可乐广告

导作用，就可称为某种色调。不同的色调给人以不同的视觉感受。

色调的构成应从诸色块的构成角度出发，如色彩之间在数量上的大与小、多与少的比例差别，色彩的均衡与呼应，色彩的主次等构成关系。抓住色彩节奏与韵律，进行巧妙有机的调度，把各种色彩按照一定的层次与比例，有秩序有节奏地彼此相互连接、相互依存、相互呼应而构成和谐的色彩整体，多样与统一是色块处理、色调构成的基本法则。

色彩在版面中表现的强与弱、好与坏，不在于画面中使用了多少种色彩，关键在于这些色彩用得是否恰当。往往单纯、简洁的色彩能更好地体现版面的层次，因而视觉效果也会更好、更强。总之，在广告版式编排设计中，色彩的表现总是建立在色彩的面积、位置、明度、纯度、色相、色调、冷暖倾向等的综合关系上。并以广告内容的诉求为目的，以强烈的视觉冲击力，促进购买力，为消费群体服务（图3-29、图3-30）。

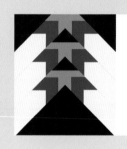

「_ 第四章　版式设计的视觉造型要素与
视觉流程」

本章学习重点与难点
本章的第二节视觉流程的编排是学习重点，线的视觉流程、导向视觉流程、多向视觉流程、复
向视觉流程是本章的学习难点。

本章学习目标
通过小组讨论的形式，对国内外优秀作品进行由大到小，由主要到次要，版面各构成要素依序
串联起来等视觉流程的分析。学生能够灵活运用点、线、面等视觉构成要素，设计出具有动感
的流畅型视觉因素，使观者的视线按一定的方向顺序运动的作品。

建议学时
6 学时

第四章　版式设计的视觉造型要素与视觉流程

第一节　视觉造型要素

　　点、线、面是构成视觉空间的基本造型要素，也是版式设计构成的主要语言。版式设计主要是利用点、线、面在版面上经营组织，设计出具有独立的审美价值、独立的视觉审美规律的艺术作品。在广告作品版面中，不论内容与形式如何复杂，最终都可简化到点、线、面的组合关系上来（图4-1）。它们相互依存，相互作用，组合出各种各样的形态，构成了一个个富有变化的全新版面。

一、点

　　点是最基本的形。点的感觉是相对的。它由形状、方向、大小、位置等形式构成，点有时不能由其单独的形态来决定，通常要由和其他形的关系来决定。点的聚散、排列与组合，给人以不同的视觉效果和心理感应。在版式编排设计中的点可以是一个字、一块色彩或是一张小图片，点可以以任何一种形态呈示（图4-2）。

　　当点位于版面的中心时，会给人平静的安定感，既单纯又引人注目。点在版面空间位置的移动会带来不同的变化与感受。如果在近距离空间放置两点或数点，由于相互的张力，会产生一种线和形的关系。很多点的接近能产生面的感觉。点的大小放置，会使人容易产生远近的感觉。点在空间的大小上可以与线和面区分开来，但它们之间的界限是相对的、可变的。在一定的关系或条件下，点可以转化为线，同样的道理，一组或一群点也可以组成面，成为一个大形。如文字排列成行，可以理解为线，行的组合排列又可成为面。

　　在版式编排设计时，点可以成为画面的中心，也可以和其他形态组合，起到平衡版面的轻重，填补一定的空间，点缀和活跃版面气氛的作用。点还可以组合使用，成为一种肌理或其他要素，衬托版面中的主体（图4-3）。

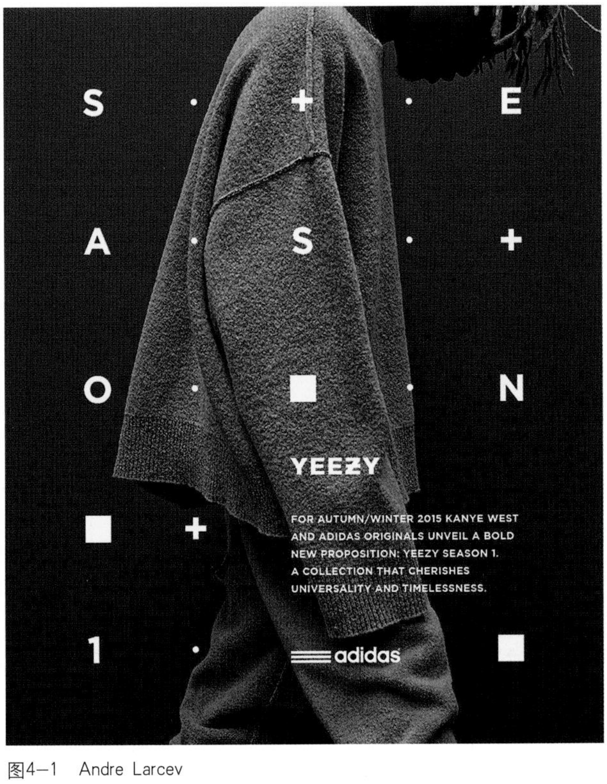

图4-1　Andre Larcev

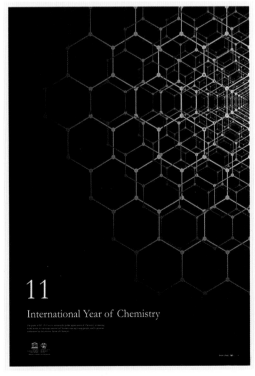

图4-2　International Year of Chemistry

二、线

　　线是点的移动轨迹。线和面的区别是由相对关系决定的。在版式设计中，线具有长度、宽度、方向、位置、形态、色彩、肌理等多种变化。每一种线都有它自己独特的个性与情感存在，因而在版式设计中，必须充分注意不同的线给人以不同的感觉。

　　点的移动方向不变则成为直线，方向不断变化时则成为曲线。折线是经过一定距离后改变方向的线，但是每个部分都是直线，可以说介于直线和曲线之间。

　　直线一般给人的印象是速度感、紧张感、直接性、锐利、明快、简洁、直截了当等。另外，直线从心理或生理感觉上来看，具有男性特点。

　　曲线一般给人的印象是柔软、丰满、优雅、间接的、轻快、跳跃、节奏感强、稳重等。另外，曲线从生理和心理的角度来看，女性特点很强（图4-4）。

　　直线和曲线是决定版面形象的基本要素，可以构成各种形态的轮廓，同时起到界定、分隔画面各种形象的作用（图4-5）。在版面中线可以是有形的，也可以是隐形的，如版式中的骨骼线、中轴线等，在各种构成元素组合关系中起到重要作用。

三、面

　　面是线的发展延续。在版面中点、线、面的关系是密切的，点若扩大就成为面，线的围合或密度增大也能成为面，因而它们之间的关系是相对的。

　　在版式中，面在空间上占有的面积最多，因而在视觉上要比点与线的感觉强烈实在，具有鲜明的性格特征，是各种基本要素形态中最富有变化的视觉要素（图4-6）。

图4-4　阿尔巴尼亚Vasjen Katro 365每日抽象海报设计系列

图4-5　Xavier Esclusa Trias

图4-3　清晰频道瑞士户外广告宣传——品牌满足人Charis Tsevis

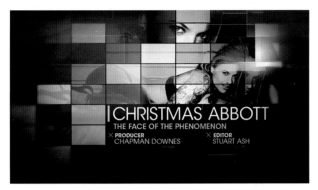

图4-6 Lost Project

在版式设计中，面的表现包容了各种色彩、形状、肌理、空间等方面的变化。因此，在设计时要把握相互间整体的和谐，才能产生具有强烈视觉冲击力和具有美感的视觉形式。

第二节 版式设计的视觉流程

人们在观赏一幅作品时，自然会有一个共同的视觉流动的顺序。先是通观全部，对整个画面有一个大体印象，但这一过程时间很短，然后会停留在某一点上。随后便是随着视线的移动，最后读遍全部画面，这一过程就是所谓的视觉流程。人们之所以遵守这一欣赏顺序是由人们的视觉特性所决定的。版式设计中的视觉流程实际上是对各种信息的最佳组合与合理安排，使读者注视到版面时，能够很自然地按照各诉求内容，一步一步地读下去。这是设计者对各种信息的有序处理与设计，目的是诱导人们的视线按照设计者的意图获取最佳信息。

心理学家认为："人们在观看对象时，人的视觉注意力时有差异。在限定的范围内，视觉注意力往往集中于中上部和左上部。"因而，版面上部的视觉力度强于下部，左侧强于右侧。版面左上部和中上部被称为"最佳视域"。这是人们在长期的生活中产生的视觉习惯。也是这种自然的习惯形成了一定的视觉运动规律。因此，设计中应把重要的信息内容安排在视觉的自然习惯位置上，从一开始就吸引观众的视线，引导其按着视觉习惯移动，达到诉求的目的（图4-7、图4-8）。

一、视觉流程的表现方法

在版式设计中，设计者通过视觉流程原理完全可以左右人们的视线，并善于运用这根无形的视觉空间流动线贯穿于版面之中，使其达到有效的表现效果。

（一）线的视觉流程

线的视觉流程主要是借助于线的不同方向的牵引，使人们的视线移动。似乎有一条清晰的运动脉络贯穿于版面始终。

水平线使人视线左右移动；垂直线则使视线上下移动；斜线因有不安定的感觉，往往更吸引视线；曲线则有流动感。线向流程诉求具有简单明了、强烈的视觉效果（图4-9）。

图4-7 《攻壳机动队》电影海报

图4-8　QUIM全彩色矢量百搭海报设计——Quim Marin

图4-9　《影》电影海报

（二）导向视觉流程

在版面中，通过利用一些文字编排导向、手势导向、指示导向、形象导向等诱导元素，使观者的视线按一定的方向顺序运动，并由大到小，由主要到次要，把版面各构成要素依序串联起来，组成一个整体，形成最具活力、最有动感的流畅型视觉因素（图4-10）。

（三）多向视觉流程

打破常规的视觉流程规律，采用夸张、跳跃、随意、自由式甚至反常规的构图方式。强调版面视觉的情感性、自由性和个性化的随意编排，以刻意追求一种新奇、刺激的视觉语言（图4-11）。

（四）复向视觉流程

把相同的基本形，做两次以上的重复排列，或是相同的图形按大小排列产生渐变，也可把近似图形编排在一个版面中，形成视觉攻势，使其产生有秩序的节奏韵律感。具有吸引视线、强调主题，方向性更强烈，从而加速视觉流动的功效（图4-12）。

版式设计中视觉流程是感觉而不是公式，一个好的视觉流动程序编排应当符合人们认识过程的心理顺序和思维发展的逻辑顺序；它最终给人的是自然、轻松、流畅的视觉导向。

图4-10　《哥斯拉》高清电影海报

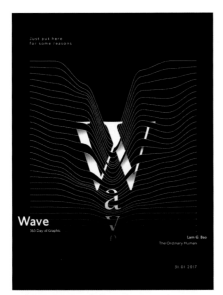

图4-11 Krzysztof Iwanski

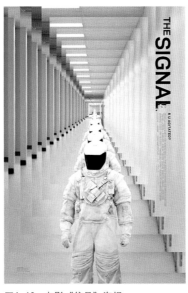

图4-12 电影《信号》海报

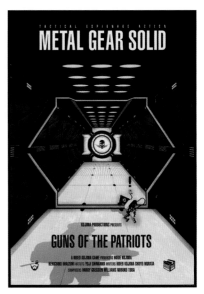

图4-13 Conor Smyth

图4-14 Jordan Metcal

图4-15 VML NEW YORK-巴西Post-
Production Ads References Awards

二、视觉流程的编排

成功的版式设计应该使人有一个视觉层次，即首先看什么，最后看什么。这个顺序是由版面中的视觉强度决定的。应注意画面中的主次关系，以形成整个画面的视觉层次。

设计者必须充分考虑视觉流程的编排，把所要表现的内容、诉求重点，按视觉流程的顺序与主次关系安排画面。

总之，版式编排设计，必须了解视觉特性，掌握好视觉规律，使视觉流程能够体现构思创意的形式美，符合整体节奏和艺术规律，更好地表现所要传达的内容（图4-13~图4-15）。

「_ 第五章　广告版式设计的细部变化」

本章学习重点与难点
第一节和第三节是本章的学习重点，从视觉构图上的特色和表现手法来看，设计作品的细部变化扮演着更重要的角色。

本章学习目标
指导学生根据设计题目进行版式编排设计时，从它的细部入手去寻求它的整体变化，提升画面的视觉冲击力。

建议学时
6 学时

第五章　广告版式设计的细部变化

广告版式设计是一种过程，也是一种创意，它运用创意把美学理论和视觉传达两者结合。设计中首先我们要选择版面上的基本元素，以便传达出各种信息，再以平面或立体的编排设计来完成作品。当一张优秀的作品展现在我们的眼前时，我们会被它的整体框架所吸引，其重要性似乎大过它的细部上的变化，但是从视觉构图上的特色和表现手法来看，设计作品的细部变化反而扮演着更重要的角色。因此，我们在版式编排设计时就不得不从它的细部入手去寻求它的变化，使版面产生出类拔萃的视觉效果。

第一节　空间

对版式设计中的所有元素来说，空间是一种很常见的背景。它提供了一个无限的构架，只要有元素被放在里头，该元素的表现特质就会受到它的影响。

相同的元素被放在既定空间的不同位置上，就会在视觉上产生不同感觉的重量和动作。同样，空间的视觉表现也会受到那些元素的特征和摆设位置的影响。在视觉上，单一元素和空间界线之间所出现的张力，会完成空间分割。每一种编排，每一篇内文，图片、色彩，甚至手写字体，都自成一种基本的形状，这些形状会受到各元素的尺寸、间隔和排列的影响。而空间的形状通常是因为这些元素的编排结果而产生出来的。我们可通过以下几方面来研究版式空间。

一、空间的尺寸和比例

矩形空间和方形空间都是由两条水平线和两条垂直线所描绘出来的，而它们正是决定空间尺寸和比例的主要因素。正方形的水平和垂直轮廓线，因为是相等的，所以在视觉上感觉中规中矩。矩形空间则具有很独特的视觉力量——水平空间消极被动，垂直空间则主动活泼。在绝大多数情况下，空间的尺寸和比例都会在方案一开始的时候，就先决定好，它不同于元素的尺寸、粗细和形状，是不能改来改去的。方形空间、水平空间、垂直空间，这三者都具有独一无二的视觉特性。这种特性可以用来强化沟通上的语言本质。不含任何一元素的空间，可以让人发挥想象力，可是元素却不能没有空间。空间为编排元素提供了一个整体的框架，在空间里，各元素的尺寸大小彼此相关（图5-1）。也就是说，两个同样的元素若是被放在不同大小的空间，给人的感觉就不一样。

各元素和空间界线之间的张力会在视觉上细分整个空间。每一个编排元素会因为它的空间界线之间的坐落关系而展现出不同的视觉特质。对所有的版式设计来说，空间上的视觉细分是不可少的（图5-2）。

二、字母的空间

把几个字母随意摆放在一个背景下，看起来像是个别图形一样，如果以特定的顺序把它们排列在一起，就成了一个单词，这时它们的个别本质就不见了。字母之间的空间关系会影响内文的易读性，太小的空间会让字母彼此重叠，太大的空间则会让个别元素变得松散稀

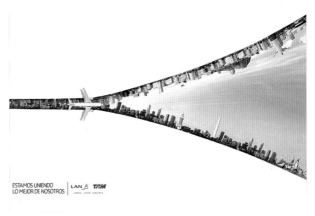

图5-1　Gabriel Mu oz

图5-2　Pablo Olivera

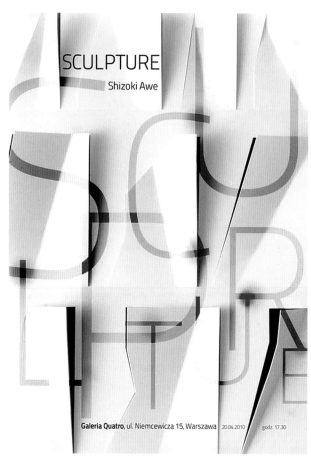

图5-4　广告设计

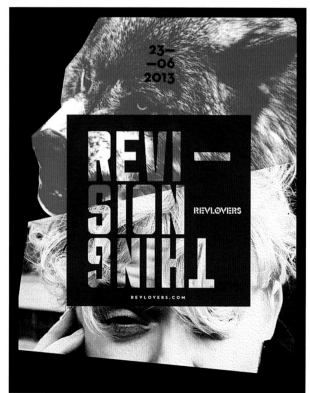

图5-3　Krzysztof Iwanski

疏，不易辨认。当单词聚集成句的时候，就会因为各行的排字和里头的空间配置而形成一篇内文。在编排设计中，空间是一种最常见的视觉组织方法，字母的间隔、单词间隔和行距，它们都对内文的易读性有着一定的影响（图5-3）。只要在间隔空间上做一些小小的改变，就可能影响整篇内文的易读性。

对所有的版式设计来说，各字母、各单词以及各行的间隔空间都是不可缺少的。设计者唯有在这些编排元素之间注意增减它们的空间，才能完成作品上的视觉特性（图5-4）。

三、明暗空间

把任意一个空间细分，在视觉上就会产生变化，细分区域的数量、大小和比例都会对该空间的特质造成影响。如果把空间细分成相等的几个小块，看起来难免有

图5-5 Post-Production References Awards

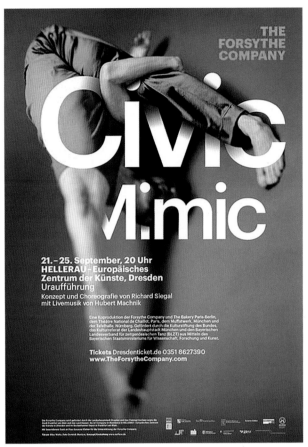

图5-6 英国Osheyi Adebayo

点单调。如果加上一些不同的明暗度，空间的特质就会跟着发生变化（图5-5）。每一个单位看起来都像是处在不同的视觉层次上，有的向前突，有的向后缩。如果该空间里的内文图片和其他视觉元素也有这样的明暗层次，就会产生相同的视觉效果（图5-6）。

四、虚实空间

虚与实是相对的两个方面，二者相辅相成，互为条件，互为前提。没有实就不存在虚；同样，没有虚，也无所谓实。在版式设计中，虚实关系是一种视觉感受，指的是平面的局部与局部、局部与整体之间的对比关系。具体表现在形态在形状中的虚实关系及平面的空间层次的虚实关系两个方面。

形的虚实感关系到形态的状况和视觉形象的认知感，关系到形态的可识别度；空间层次的虚实决定着整个平面的视觉效果，决定着形态在空间层次中的前后关系和主次视觉形象的认知度。因此，对形态而言，具体的、具象的物体就具有实的感觉，理念的、抽象的形态就具有虚的特征。对空间而言，处在空间深处的位置就具有虚的视觉感受，处在空间前端的位置就产生实的视觉特征。根据这种视觉规律，我们可以从版面的效果出发去人为地处理形态的主次关系、空间的前后关系，可以加强或减弱这种虚实关系以控制版面的视觉效果。如为了强化主体形态，次要的形态应从形状、位置的前后关系等方面给予减弱，以次要形态的虚来衬托主要形态的实（图5-7）。

虚实关系还会从它的趣味、表现的情调、整体的气氛等方面间接或直接地影响整个版面的视觉效果，并在平铺直叙中加入关键的调整和修饰，使版面效果更加趋于完美。我们应充分了解虚实关系处理的重要性，充分利用虚实处理的优势把握整个版面的视觉效果（图5-8）。

图5-7　英国Osheyi Adebayo

图5-8　巴西Ramon Saroldi创意广告中的图像合成

第二节　结构

　　所有的版式设计本身都有一套基本的结构。即便是在一张白纸上摆放一个单字或一句话，也会把它的空间切割细分，创造出一个很简单的视觉框架。就某种程度来说，结构的出现是随时随地的，所以它在版式设计编排上是一种很具力量的元素。版式设计结构大体上可以从两种类型来划分：即兴式和预设性结构。

一、即兴式结构

　　为了求得作品的完整性，设计者必须从头到尾参与整个设计和制作过程。而即兴式的视觉结构会带来一些出人意料有趣的结果。即兴式的视觉结构就是根据美学标准来安排编排设计中的各个元素。空间的划分是由版面中的各个元素组合、尺寸和形状来决定的（图5-9）。就像建筑中堆砌砖块一样，每一个元素都和其他元素唇齿相关，如果其中一个元素有了变化，其他元素也要跟着调整，可能只是调整位置或大小，但它的目的就是要让整个编排不失其平衡感。也因为编排元素的组合方法有多种可能，所以说，视觉结构是一种相当开放而多元的编排设计。在作业一开始的时候，光靠直觉视觉判断，往往在设计上就蛮有收获的。一旦基本设计确定后，就需要发展出一套适当的结构，并将所有的元素都放进原创设计里。

图5-9　冈特兰堡

图5-10-1 冈特·兰堡作品

图5-10-2 雨田设计

即兴式的视觉结构是因为手边握有一些资料性的元素，才能着手进行结构的发展。发展出一套视觉结构往往比我们预期中的要难得多。因为，即使是很少的几个元素也会有很多种排列可能，所以很难决定哪一种才是最好的编排手法。为了达到最好的编排效果，设计者必须同时兼顾设计上的视觉层面和沟通层面。元素的安排若是只注重于视觉的原理，看起来虽然赏心悦目，沟通上却可能不清不楚。在开始设计的时候，不妨从视觉的角度去安排资料内容的框架分布，这种方法可以帮助我们去启发点子（图5-10-1、图5-10-2）。而这种无意识的自发性方法往往会导出一些概念，这些概念也许稍候就可以转换成一个组合式结构。

二、预设性结构

对一些复杂又规模庞大的企划案来说，预设性结构就显得不可少了。预设性结构和即兴式结构不同，它是一种封闭性的办法。这种结构是由一系列组件所组成的，这些组件被大小一致的间隔所隔开，形成了许多的骨骼。这些组件决定了各编排元素的大小与位置，其中包括图片、标题、内文、图片说明和页码等。骨骼统一了每页里的各个元素，也统一了每页的风貌，同时还考虑着其中的变化和差异。

骨骼的功能就像是一个很紧密的组织装置一样，它提供了条理次序，但是它是隐形的。版式设计中的各个元素会接受它的引导而排列成序。虽然骨骼的利用有助于条理次序上的安排，但这并不表示它的结果就一定是僵硬无趣的。就像其他的系统性方法一样，如果能够发挥想象力，把它运用得当的话，也会有很活泼的效果出现（图5-11-1、图5-11-2）。

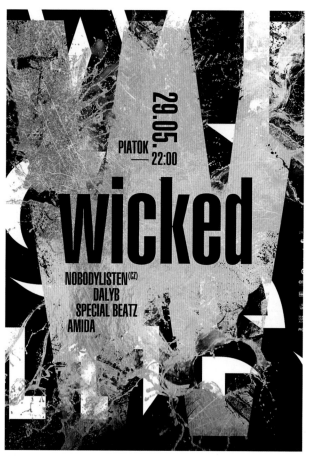

图5-11-1　Krzysztof Iwanski

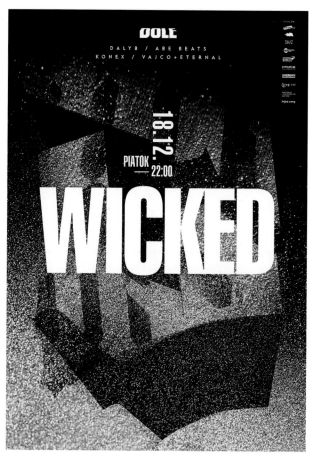

图5-11-2　Krzysztof Iwanski

第三节　对比

版式设计要靠各种元素之间的对比才能完成。一般来说，最基本的对比就在于字体和背景之间，每一个字体都是由互相对比的垂直线、水平线、弧线和斜笔画所组成的。它的对应体也是因为和周边空间有所对比而形成的。编排设计上最重要的对比就在于形状、粗细、大小、色彩和方向上的对比。字的形状、粗细和大小的对比可以靠最小的编排单位来达成，那就是字母。色彩和方向上的对比则包含了许多元素在里头：单位、各行句子、线条或几何要素等。当某个元素和其对比形体并列在一起的时候，该元素的外形特质就会被表现出来，进而同时强化了这样两个元素的视觉特质。

在比较大的背景下，对比需要靠明暗上的视觉对比来成就。只有在暗色的对比下，才能看出物体的明亮度，但暗沉的色调会减损明亮色调的视觉力量。例如，在白的背景上印上黑的东西，会有缩减的效果。也就是说，印上去的黑色物体会从外观上抵消白色的色调。粗黑的字体会比清瘦的字体更容易从外观上抵消一些明暗度。

缺乏对比的编排设计看起来毫无生气，单调乏味。对比性的元素有助于视觉层次的建立和沟通内容的理清。为了达到效果，对比一定要清楚明确，让人分心的、不相干的东西全都要从版面中删除。

一、粗细的对比

使人印象深刻的编排设计必须靠视觉上的明暗度对比达成，而这种明暗度的营造是因为有粗细不同的字体对照在背景上所展现出来的。也因为不同明暗度之间所产生的对比，才会形成书页上的视觉结构。

假如粗细对比作为强调之用，粗细之间的差距一定要明显才行。如果明暗度太接近，粗细对比就显得含

图5-12 作者Sean Ford 欧足联欧洲杯各国国旗元素几何海报设计

图5-13 Xavier Esclusa Trias

糊不清，也就没有什么效果了。粗细对比并不局限在字体、栏线、图片和其他视觉元素也可以有粗细对比（图5-12）。若想在两个元素之间作粗细的对比，那这两者之间的间隔空间就成了很重要的因素。因为若是分得太开，就不能比较粗细，当然就不会有强烈的对比产生了。

二、大小的对比

标准字体的尺寸，本身就存在着一些很合理的对比（图5-13）。比如说，有些大小不同字号的尺寸，它们之间的比例就是1：1.5，1：2，1：3，3：4和3：5，这些比例尺寸在美学上是规则的，也可以变化出很多种视觉上的对比。为了找出尺寸的对比，我们需要借助数学上的比例，但是，数学比例不能取代人的敏锐度和视觉判断力。

三、色彩的对比

每一件设计作品都有其自己的色彩，它是因为各种元素的不断重复而产生出来的某种样式。形状、大小和粗细都会对色彩的特色造成某种程度的影响，而这些元素之间的间隔空间更是对视觉的密度有着决定性的影响（图5-14、图5-15）。我们可以从色彩看到视觉明暗上的无形变化，从浅灰一直到接近全黑，每一种色彩都有其特定的美学层面和深度。甚至每一种字体都有属于自己的色彩，我们可以利用字母的空间和行距来改变某种字体的色质。

图5-14 Berlin英文字体海报设计——Antonio Rodrigues Jr

四、方向上的对比

方向上的对比是最明显的一种对比方式，涉及元素之间的整体构图，其中包含了它们周边的空间。这种对比可以转变某个单字或某句话的视觉表现。

字与行的水平移动和垂直排列会形成强烈的对比

图5-15　TYPO CUBES——3D立方体字体设计
Muokkaa Studio

图5-16　SAWDUST几何艺术字体设计作品

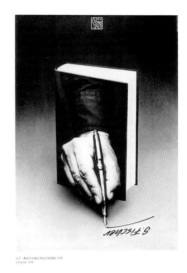

图5-17　冈特·兰堡作品

（图5-16）。当我们以窄栏的方式来排列字体时，垂直的组合效果就会比水平方向要抢眼得多。从许多案例来看，垂直排列的单字或句子会成为一种结构性元素，对空间造成切割细分的效果。版式设计因为受到阅读习惯的影响，所以它的水平与垂直方向都是预先设定好的。这种方向安排若是再加上平行的边线设计，就会更突出它的轮廓。在这样的参照标准下，可想而知，角度略倾斜的元素当然会制造出更强烈的视觉张力。

五、层次对比

版式设计属于二维空间的范畴，如何在长宽中表现出深度的感觉，对于版式设计来说，尤为重要。因为造成版面的三维空间效果才能使版面显得灵活而深远。

三维空间可通过版面的远、中、近三个层次来获得。这是一种假设的空间，看得见，但实际又不存在。远、中、近一般可通过大、中、小的比例，黑、白、灰的对比，肌理的相互衬托，以及构图的前后关系等形式来获得。如版面上的大标题、广告语或品牌名做近景，副标题或图形就做中景，内文和地址就做远景了。在远、中、近的空间编排层次上，一般来说，近景要活泼、突出、高调些，远景则要趋于安静、平和、灰度些。这样才使版面设计显得有序，并产生韵律美（图5-17、图5-18）。

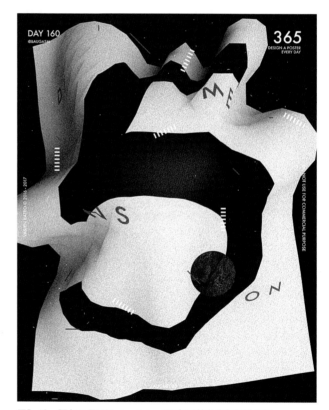

图5-18　阿尔巴尼亚Vasjen Katro 365每日抽象海报设计系列

「_ 第六章　广告版式设计的骨骼形式」

本章学习重点与难点

版式设计中的重复、对称、均衡、韵律、对比、空白、连续、综合等骨骼形式是本章的重点学习内容。在符合骨骼形式的前提下运用设计要素合理地完成版式创作是本章的难点。

本章学习目标

通过对学生进行版式设计骨骼形式的学习训练，激发学生的创意思维，从而解决版式设计构图上的难题。在具体实践练习时，可采用多种形式方法，遵照形式美构成法则和版式设计的骨骼形式进行设计训练，以便更有效地解决版式设计的构图问题。

建议学时

16 学时

第六章　广告版式设计的骨骼形式

骨骼形式的分类

　　版式设计与其他设计作品一样，都存在着一些内部的结构。而这些结构就是一幅作品成败的关键，这其中有一些固定的原理，同时也有一些多样化的表现形式。美的形式原理是规范形式美感的基本法则。我们通过对版式设计中重复、对称、均衡、韵律、对比、空白、连续、综合等骨骼形式的学习，具体认识并掌握版式设计形式的一般基本规律。

　　在教学过程中，我们可以通过指导学生进行版式设计骨骼形式的学习训练，激发学生的创意思维，从而解决版式设计构图上的难题。在具体实践练习时，可采用多种形式方法，遵照形式美构成法则和版式设计的骨骼形式进行设计训练，以便更有效地解决版式设计的构图问题。

一、重复

　　重复是指通过相同或相似要素的重复出现，来求得形式的统一。重复可以创造形式要素间的单纯秩序和节奏感（图6-1）。在视觉上容易辨认，使人一目了然，增强记忆。在知觉上不会产生对抗，具有平稳、消极的美感。在版面设计中不断使用相同的基本形式或线，其方向、形状、大小都是相同的，也可以在形式要素配列的空间上，采用不同的间隔形式。这种骨骼形式使设计产生安定、整齐、规律的统一感，但在视觉上会容易让人感觉呆板、平淡，因而，在表现手法上我们可以灵活地改变它的组合方式，形成视觉上的交错、倾斜。也可以利用重叠的方法产生新的元素，丰富整个画面，但不管怎样变化，版式中仍然要保留它固有的构成规律（图6-2）。重复与变化的使用，要依版式设计所表现的内容而定。

二、对称

　　对称是两个相同形的并列或同等、同量的平衡。其表现形式有以中轴线为对称轴的左右对称、以水平线为基准的上下对称和以对称点为源的放射对称等。对称是版式设计中常见的一种构图形式。对称分完全对称和相对对称两种形式。所谓完全对称，是指画面要素呈绝对对称的方式排列。所谓相对对称，是指画面要素在宏观上对称，局部图形或文字则有变化（图6-3、图

图6-1　Xavier Esclusa Trias

图6-2　Andre Larcev

图6-3 Africa's Deadliest

图6-4 WWF 'Poachers' 贪婪的食物链金字塔——John-Henry Pajak

6-4）。它是一种在不变中求变化，活跃画面的对称构图形式。这种形式在设计中运用很多。

对称形式有它的特定性格，它给人以庄严、隆重、大方和肃穆的感觉。另外，对称形式容易被视觉辨认，在知觉上不产生对抗，所以它还具有平静的消极美感。在版式编排设计中，对称的骨骼形式可以给人平稳、安定、整齐、秩序、沉静之感，符合人类自身的欣赏及审美要求。

三、均衡

均衡是一种变化的平衡。均衡形式在版面构图中的运用实际就是在一种等量不等形的情况下达到矛盾的统一性。均衡实际就是一种平衡关系，是利用虚实、气势的各种反向力使画面达到相互呼应与和谐的效果，其形式结构主要是在自然的布局中掌握好重心（图6-5）。

均衡的表现形式是多样化的，如位置、大小、色彩、肌理的均衡。但均衡形式大体上可分为两大类，即静态均衡和动态均衡。静态均衡是指在相对静止条件下的平衡关系，这是一种运用比较多的普遍形式。动态均衡则是以不等质和不等量的形态，求得一种平衡形式。前一种在视觉

图6-5 Tori

心理上倾向严谨和理性，因而有庄重感；后一种则偏重于灵活和感性，因而有轻快感。

实际上均衡主要是在一种不平衡中求得平衡的设计方法，体现画面中内在的秩序和平衡，达到动静结合的视觉享受。均衡形式富于变化，它可以打破对称在构图上的呆板，从而创造出灵活、生动、轻快的效果，是具有条理性和均衡美的版式骨骼形式。在广告构图中运用此种方法可以更有效地解决图文并用的构图难题，达到视觉上的平衡（图6-6）。

四、韵律

韵律原是指诗歌中的声韵和节律。在诗歌中音韵的高低、轻重、长短的组合，匀称的间歇或停顿，一定位置上相同音色的反复出现以及句末或行末利用同韵同调的音相和谐，构成了韵律。它加强了诗歌的音乐性和节奏感。在版式设计中韵律则是按照一定的条理、秩序重复连续地排列，形成一种律动形式，或采用依次递减或递增的方式，做时间和空间上的运动变化，达到视觉上的艺术享受。它有等距离的连续，也有渐变、大小、长短、明暗、形状、高低等排列。韵律可以给人带来轻松、愉快、变化的乐趣。它能增加版面的感染力，开阔艺术的表现力（图6-7、图6-8）。

通过版面设计要素的灵活运用，可形成多个要素的统一与和谐，更鲜明地体现韵律的基本骨骼形式。例如天空中大雁飞过的路线、宇宙中星体运转的轨迹、心跳的频率、一首歌曲的音符等我们都可以称之为韵律，我们把它们运用在平面的视觉传达设计中。

图6-6 圣艾蒂安歌剧院系列宣传海报设计

图6-7 American Psycho

图6-8 纯线海报设计

五、对比

对比是对差异性的强调，是诸多要素参与后的结果，在版式中是将相互对比的画面视觉要素进行处理、配置的构图方式。对比的因素存在于相同或相对的性质之间，也就是可把相对的要素互相比较之下产生的所有对比关系，概括为形的对比，色彩的对比，感觉的对比。但是对比的基本要素是主次关系和多样统一的效果（图6-9）。

在版式设计中应从形态的大小、面积、位置、形状、虚实等多方面进行探讨和研究。对比注重的是形态之间在形状、面积关系、虚实关系等方面的差异，对这些差异进行组织、构造，使这些差异在对比中既保持各自的特点，又在共同的视觉传达中达到有机的统一。若形态之间在面积和大小方面形成较强对比，对比的双方都会在视觉上获得突出和强调的地位，这样就可达到主次明确、突出主题的目的（图6-10）。

六、空白

空白是在画面中巧妙地留有视觉喘息的空间。画面中的空白给人一种轻松、自由的感觉，最主要的是为了引人注意。在版式设计时巧妙地留有空白，讲究空间的疏密与虚实变化，是为了更好地衬托主题，凝聚视线，以达到诉求的目的。

空间的虚实与疏密关系的处理，在版面构图中非常重要。不少广告版面填满了文字、图形，使整个版面几乎没有一点空隙，显得画面十分拥塞气闷。空白多的版面设计，则给人以恬静、高雅、大方的感觉，通常使人感到轻松自由，从而以舒适的心情阅览（图6-11、图6-12）。一般来说，尺寸较大的广告画面留有较多的空白，往往同高品位、高格调相联系，会给人以大气魄的观感。

七、连续

连续的骨骼形式是在两幅或是两幅以上的情况下才会产生的。连续主要是为了强化系列感，加深群体印象，力求从视觉的延续入手，运用两个或两个以上的版面表达不同的传达内容。如连载的广告、系列性的公益宣传广告等多采用此法。

连续并不是单纯的重复，应本着版面结构相似而不相同的原则，做到它们之间视觉上的联系与呼应，因而设计时应

图6-9　Dream House

图6-10　Post-Production References Awards

图6-11　Come with a story and leave with another

图6-12　冈特·兰堡作品

多考虑它们的统一效果。单幅的变化应服从整体的统一。即使构图不同，各元素均有所变化，但万变不离其宗，从表现技法、形状、风格等方面应做到统一，才能给人以连续的视觉印象（图6-13、图6-14）。

八、综合

在版式设计实践过程中，我们会发觉有很多版面的骨骼形式已经超出我们所介绍的，甚至会看到有些版面出现多种骨骼形式的共用，这就是我们所称的综合形式。在具体实践上，骨骼形式并不是一成不变的，而是应根据传达内容的具体要求，灵活地采用适合的骨骼形式，甚至是多种骨骼形式的综合。

在版式设计上，综合多种因素重新组合与构造实际上就是创造（图6-15）。在综合设计中会发现并创造出更多、更新的形式。它会给我们更宽广的创作空间，它可以容纳以往的任何骨骼形式。在设计训练时要更多

地侧重于在掌握固有骨骼形式的基础上拓展学生更多的想象空间，达到真正追求的设计思维能力上的开发（图6-16）。

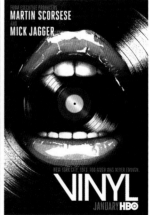

图6-13　Lost project

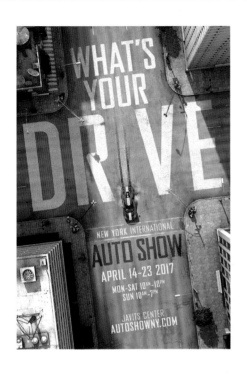
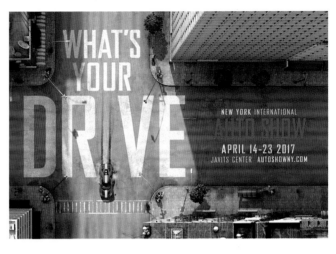

图6-14 纽约Dan Forkin Studio高端广告海报设计作品

图6-15 Bigger than Life

图6-16 爱丽丝梦游仙境

「﹏ 第七章　广告版式设计的应用 」

本章学习重点与难点

报刊广告、招贴广告、邮寄广告、书籍、包装、网页等几个方面的应用是本章的学习重点。在
实践过程中，能更深刻地了解广告版式设计的应用并更有效地实施是本章的难点。

本章学习目标

通过前几章的探讨，我们对广告版式设计的构成要素及其骨骼形式有了初步的了解。指导学生
运用版式设计的基本原理，对企业设计任务进行创作，提高学生参与能力和实践能力。

建议学时

16 学时

第七章　广告版式设计的应用

通过前几章的探讨，我们对广告版式设计的构成要素及其骨骼形式有了初步的了解。学习广告版式设计的基本原理，主要作用还是要落实在它的应用，只有通过应用实践，我们才能更深刻地了解它并更有效地实施。

广告版式设计应用范围很广，这里我们只从报刊广告、招贴广告、邮寄广告、书籍、包装、网页等几个方面介绍。

第一节　报纸广告的版式设计

报刊由于人们直接拿在手中阅读，因此具有详细说明内容的可能性，能说服人并给人留下记忆，并可以长久保存。它种类繁杂，发行面广，时效性强，传播率高，适合随时随地地翻阅，尤其是它的连续性可逐步加深读者的印象。是大家非常熟悉的一种广告形式。

一、报纸广告

报纸广告具有发行量大、覆盖较宽、读者面广、费用低、发行快等特点。报纸广告的版面设计比较灵活多变，广告画面的尺寸幅度变化较大，小至几厘米长，大至整版以上。报纸广告主要由商标、品名、标题、广告语、文案、图片、图形等要素构成。版式设计主要解决的是如何安排好这些要素在版面中的表现形式，如何才能做到抓住读者视线，达到销售商品和建立品牌形象的目的（图7-1、图7-2）。

报纸广告的版面设计主要出发点是在广告林立的版面中，能够吸引读者的注意力。因而在有限的版面应做最大限度的利用。科学的处理方法可以归纳为以下五点。

1.单纯：必须把广告版面整理成简洁、明了的单纯画面。

2.注目：必须在瞬间的接触下，能够具有强有力且纯粹的诉求魅力。

3.焦点：直接把提炼浓缩的一个诉求点凝结在一点。

4.关联：内容及形式的表现必须具有一贯的统一性。

5.循序：画面的视线诱导必须能够顺利而自然地到

图7-1

图7-2

达诉求重点。

二、杂志广告

杂志与报纸相比有其特定的对象，往往是满足读者某种知识和兴趣的专业性读物或综合性读物，它的阅读对象比报纸集中。杂志广告一般出现在杂志的封面、封二、封三、封底、插页的版面上。

杂志广告的版面设计比较自由，因为比其他平面广告视觉干扰少，它往往占据一页，视觉效果醒目、干扰因素少。杂志广告通常采用高质量的彩色印刷，因而视

觉感真实，具有强烈的信赖感。设计制作应考虑杂志的品位、特点，采用高质量的图片。可以根据广告特点，运用编排的形式法则及各种设计手法创造出优美的视觉画面。一幅好的广告画面，往往就是一件很美的艺术品，给人以美的享受。

报刊广告设计应了解广告的宣传内容和目的。版面设计的目的就是有效地把人们的视线导向广告。根据此目的进行色彩、文字、图片的设计和编排（图7-3、图7-4）。

图7-3

图7-4

第二节　招贴广告的版式设计

招贴又称海报、宣传画，属于户外广告，是张贴在各街道、码头、车站、机场或其他公共场合的广告。作为历史最悠久的广告媒介之一，它以其独特的魅力在现代广告中占有很重要的位置。

招贴设计是平面设计中最具代表性的形式之一。由于其大幅面及强烈的视觉冲击力，成为公共广告环节中不可替代的一环。即使是在今天电视及网络传媒高度发展，不断追求新鲜、刺激视觉感受的信息时代，招贴仍然凭借其信息传达的简洁明了、扣人心弦，成为传递信息的有效载体。它频繁出现在公共场合环境中，在社会活动、公益活动、文化与商业等活动中都扮演着重要的角色。但作为短暂的观赏性艺术，如何使人驻足观看、细细品味、拍手称绝，除了要有它独到的创意外，还要注重它的创意表现形式。

一、直接与间接

直接的表现形式是指在版面上将广告内容信息真实地展示，运用摄影或写实绘画等技巧，给人一种逼真的效果，从而产生与消费者情感沟通的亲切感（图7-5）。

间接的表现形式并不直接表现广告产品形象，而是运用含蓄、动人、富有寓意的情感表现来打动人，使版面达到最高的境界（图7-6）。

二、幽默

幽默作为美学范畴有两层内容：一是现实生活中丰富的戏剧性内容的发掘和表现；二是既有艺术价值，又能引人发笑。幽默创意表现就是抓住人或事物的某些善意性特征，巧妙地运用喜剧性的手法，造成一种耐人寻味、引人发笑的幽默风格，并运用版面中富于风趣与

图7-5 Rooster Website

图7-6 充气鸡——Post-Production References Awards

诙谐的艺术表现加以文学构思的创作手法，使整幅画面情趣生动，耐人寻味，以此来发挥招贴广告的艺术魅力（图7-7、图7-8）。

三、比喻与抒情

比喻是将要表现的事物与另外事物进行类似点比喻，达到借题发挥，视觉延伸的艺术效果，满足人们异想天开的欲望（图7-9、图7-10）。

抒情是运用极其富有浪漫色彩的情感表现，给人以诗情画意般的审美享受，使人陶醉。

四、倒置与求异

版式中倒置，是把生活中人们已经习惯或正常状态下存在的事物，用相反的方向或颠三倒四的方法表现，形成耳目一新的效果。倒置作为一种反向思维，对广告形成的探讨、版面构成的活跃、特定内容的表达，起到了新的开拓作用（图7-11、图7-12）。

图7-7 巴西B612 Studio创意合成类广告海报设计作品

图7-8 Tomic

图7-9 广告设计

图7-11 the makeovering

图7-10 Oscar Paredes Franco

图7-12 Tomic

图7-13 Tomic

版面中制造一种标新立异的效果，容易引起人们的好奇和出乎意料的心理反应，可增添版面的情趣。

五、特技与梦幻

运用电脑技术，制造出梦幻般的情景，把丰富奇特的想象力赋予整个画面之中。利用夸张和超现实主义的手法，满足人们超凡脱俗的视觉感受（图7-13、图7-14）。

六、放大与特写

运用产品的代表形象，或企业标识、标准字等进行

图7-14 Tomic

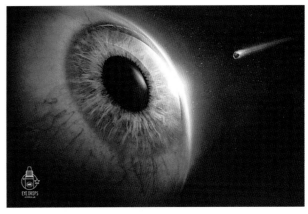

图7-16 Nicolas Monta

图7-15 Diego Maricato

放大特写，因而产生感官刺激的视觉冲击力，震撼观众的心理，营造出特殊的视觉魅力，从而达到宣传企业、促进销售的目的（图7-15、图7-16）。

招贴创意与表现形式多种多样，表现技法比其他媒介更广泛、更全面，因而更适合作为版式设计艺术方面的研究对象。

第三节　邮寄广告的版式设计

邮寄广告（direct mail）简称DM，是以邮递的方式寄给消费者的一种宣传品，它是现代传达知讯与信息所采取的强有力的手段。邮寄广告有着明显的文化氛围，从以往的以经济消费为中心，逐步转移到以心理、道德、美学、情趣等精神为中心，因而更富有人情味和亲切感。常以问候的方式打动消费者，刺激消费者的购买欲望。

邮寄广告媒介最吸引人的因素是尺寸、设计及颜色可以自由发挥，而且广告预算也可以控制。因此它的形式多种多样，丰富多变，主要有以下几种。

一、广告明信片

这是针对消费群和推介广告主自身所设计的。其版式形式可同招贴一样处理，大小与明信片相似，但因为面积小，文字内容不能过于详尽。内容有简短的广告语、折扣券、礼品单等。色彩丰富，印刷精美，具有很高的收藏价值（图7-17、图7-18）。

二、产品宣传单

这种宣传单传播灵便，经济实惠，极具推销力量。内容主要是产品介绍、促销活动推荐、单位详单、企业宣传等。一般随信函一起寄送（图7-19、图7-20）。

三、产品宣传册

当广告内容多到单页或折叠式说明书已无法容纳时，就可以用装订成册的印刷品来取代。这类小册子经济实惠，印刷精美，可当成资料长久性收藏（图7-21、图7-22）。

图7-17 宣传品设计

图7-19 Ilya Levit

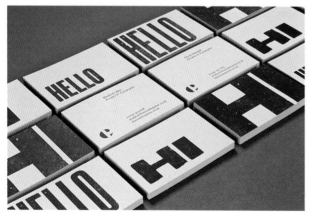

图7-18 宣传品设计

图7-20 三折页DM宣传册设计作品

四、产品目录

目录系产品的参考书，只寄送给明显的预期顾客，顾客收到这种目录，犹如亲身在商店或工厂参观商品一样，所以制作此种广告品，其内容必须详尽，甚至按目录所列产品即可订购（图7-23、图7-24）。

五、贺卡

贺卡是传递感情和表达情感的一种传媒方式。既传递了人间互爱的精神，又给节日增加一些喜庆氛围。它

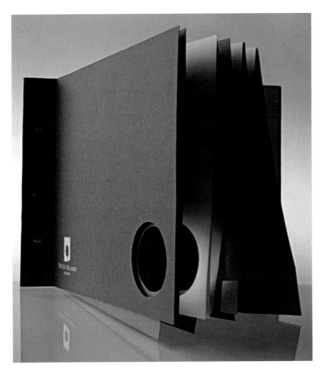

图7-21 国外画册设计

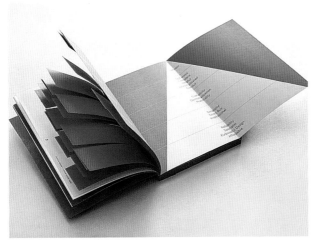

图7-22 This is Pacifica

图7-23 菜单设计

图7-24 国外餐饮菜单

图7-25 台湾Yi-Hsuan Li婚礼邀请卡设计

形式多样，有卡片式、POP式、台式、吊挂式、立体式等多种表现形式，设计讲究灵活多变的构图、颜色丰富的内涵。小小的一张卡片，如果创意独特，印刷精美，会带给对方无限的喜悦与慰藉（图7-25、图7-26）。

图7-26 节日贺卡

六、年历

在新年到来之际，企业与客户乐意于赠送年历来表达祝福，可体现出企业内涵丰富的文化底蕴。年历强调实用性、装饰性、知识性、趣味性、审美性、广告性和商品性。年历的设计形式多种多样，主要有挂式、台式、卧式、携带式等形式。年历的设计除了对图形、图片、材质、尺寸、形状、印刷进行考虑外，更要注重文字的设计。年历的文字有显示日期的数字、企业的宣传文字等。数字的编排需要注意视觉效果，细心计划。宣传文字安排必须要避免妨碍年历的审美性。因为，加入过大的广告，容易破坏整个年历的气氛，也会引起使用者的反感而不乐于使用。企业印制年历的目的，与其说是为了广告宣传，不如认为是一种服务顾客的公共关系媒介（图7-27、图7-28）。

图7-27 日历设计

图7-28 日历设计

第四节　书籍装帧的版式设计

书籍是人类文明的载体，几千年来书籍叙述着人类文明的过程，传播着人类的文化思想，对人类文明的延续和发展起到重要作用。书籍的版式设计是通过对文字的排列，字体的选用，图片、图形的编排和栏行的划分来进行统一设计的。

书籍装帧设计要把握书籍内容，用情感和想象力为特性的创意表达来反映书稿内容。通过对书籍的开本、字体、版面、插图、扉页、封面、护封以及纸张、印刷、装订和材料所进行的设计，使书籍美观，给读者以美的享受，并帮助读者理解书籍内容，让读者通过阅读来领会书籍所传达的知识与情感，获得超越书籍知识容量的附加价值，这就是书籍装帧设计的目的。

书籍一般由封套、腰封、封面、护封、书脊、环衬、扉页、序言、目录、正文、插图、版权页、封底等组成。

书籍的封面是版面设计的核心，体现着书籍的主题精神。包括封底、书籍护封、封一至封四、书名、副题、作者、出版社和有关标志等，通过选定的开本、材料和印刷工艺等，设计者可以展开创意的空间以达到艺术上的追求。书籍封面的文字非常重要，这些文字有主次之分，在设计编排时尤其要加以充分注意。招贴画一般以图为主，文字为辅，书籍封面的构图，必须以文字特别是书名为主。尽管画面上的图形、色块、线条常常很突出，但它们在封面设计中永远从属于书名，是为书名服务的。书名是整个构图中的主角（图7-29、图7-30）。

书脊是书的脊部，连接书的封面和封底。平装书一般是平脊，精装有平脊、圆脊。它是整体设计的一部分。书除了阅读，一般存放在书架上，读者通过印在书脊上的书名、册次（卷、集）、著者、出版者进行查找。所以，书脊的设计应以清晰的识别性为原则。书脊设计的形色变化是受书的厚度制约的。厚本书脊可以进行更多的装饰设计，精美的设计可以引起更多的注目。精装本的书脊还可以采用烫金、压痕、丝网印刷等工艺处理。作为封面的一个整体，它的美化加工所花的力气应不亚于封面。

封底是封面的延续。一般在封底设计时，可延续封面的色彩、图形等，这样在视觉传达上具有连续性和完整性。封底与封面的连续性，可使这种整体结构表现力更强，诱导读者以连续流畅的视觉流动进入阅读。封底的设计以简洁为原则，而且应该起到辅助作用。以封面为主，封底为辅，有主有次，才能表现出和谐有序的整体美感。

一般书籍有许多文字和插图、图表等，怎样将它们合理地在版面上进行安排，使版面好看，严谨而不呆板，灵活而不松散，这就是版面设计的任务。版面上除了文字、图之外，还有许多空白部分，它们构成了整个书籍版面的形式，大体上可分为以下两种。

一种是有边版面，又称传统版面。这是一种以订口为轴心，左右两面对称的形式，每一面的文字或图版部分，从上到下、从左到右所占的位置都是一定的程度。每一面上最多排多少字，每行有多少字数，都必须约束在特定的版心之内。版心和白边大小的确定，应从实际出发，书籍的性质和装订方式不同，版心、白边就应随之而变。例如，字典、资料性的图书，信息量大、字多，一般又很厚，为了节省空间，版心就可以适当放大，但要把握内白边（订口）的宽度，不能过窄，否则，左右两面版心相连，就会影响阅读。而诗词类的书籍，空白空间就要大些。因为这类书的版面形式重视的是艺术性与给读者的空间想象性，所以要注重营造轻松、悠闲的氛围。

另一种是无边版面，又称自由版面。它没有固定的版心，文字与图片的安排完全不受白边与版心的制约，可自由处理。这就是所谓的满版，即版面四周没有空余白边，或仅出现上白边、下白边，无内外白边。有时也可无上下白边，只留有内外白边等。它的构成方式确定要比有边版面灵活得多。适合画册、摄影或以图片为主的书籍。

图7-29 VICTIONARY

图7-30 VICTIONARY

第五节　包装的版式设计

包装是在流通中保护产品、方便储运、促进销售，按一定技术方法而采用的容器、材料及辅助物等的总体名称。包装设计是传达信息的媒介，是商品最直接的广告。其独特的造型、材料与精美的印刷，可引起消费者的视觉愉悦。消费者通过包装设计即可了解产品的生产企业、性质、形状、用途及使用对象、方法、效果等。

包装设计的视觉要素是由图形、文字、色彩、材料肌理等方面组成的，这些要素具有自身独立的表现力和形式规律。包装版式编排设计的目的，就是要将这些不同的形式要素纳入整体的秩序当中，形成一种和谐统一的秩序感和表现力，这样才能有效地表现包装的整体形象特征。否则即使有很好的色彩、字体、图形，但由于它们之间缺乏协调的配合，也会显得杂乱无章，削弱了视觉语言的表现力和视觉传达的明确性。因此，建立明确的构成观念，更典型、更集中地处理有关设计成分的整体关系，是包装设计的必不可少的重要环节（图7-31、图7-32）。

文字是人类文明进步的主要工具，也是人类文化结晶之一，它是记录与表达人与人之间情感沟通的符号。文字在包装设计中是传达商品信息必不可少的重要因素，成为最直接的销售手段。成功的包装设计往往运用文字形式表达大量的商品信息与调控购买指向，乃至完全以文字的字体变化与排列组合来构成、处理包装展示画面。因此，文字在包装设计上运用得恰当与否，就成为包装是否达成促销功能的关键（图7-33、图7-34）。

图形是在包装上将内容物品视觉化传达出来的方式，通常可以用具象图形、抽象图形来表达。图形设计作为视觉传达语言，应注意传达信息的准确性、鲜明而

图7-32　Backbone Branding

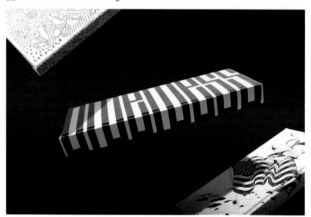

图7-33　Futura PIZZA

图7-34　国外优秀包装

图7-31　Aplos希腊酸奶包装设计

独特的视觉感受与健康的审美情趣，才能引起消费者的心理反应，把他们的视线再进一步地吸引到品牌和说明文中（图7-35、图7-36）。

色彩是影响包装设计成功的要素之一。因为色彩对于视觉的刺激，可使人产生情绪变化，间接影响人们的判断，这就是色彩视觉心理因素产生作用。而包装的色彩设计，就是要多层次地利用色彩视觉心理因素，营造所需要的功能性效果，传达商品特有信息，达到流通和促销的目的（图7-37、图7-38）。

一个包装具有良好的视觉特性，具有使人愉悦的色彩调配及应用，去捕捉人们的注意力，这样的包装无论是在超市上、广告上、印刷品上、户外，还是电影电视上，它都会是一个成功的推销员（图7-39、图7-40）。

包装版式设计的任务就是利用这些元素进行编排设计，把所要传达给消费者的资料内容、图形，配以适当的色彩，使包装的表面构图均衡地配置，使消费者对包装产生视觉冲动效果，引起顾客注意，发生兴趣，进而采取购买行动。

图7-36　MARAIS创意钢琴蛋糕包装盒设计

图7-37　BonGenie马卡龙包装设计

图7-35　Pair Champagne

图7-38　公司：PepsiCo Design & Innovation

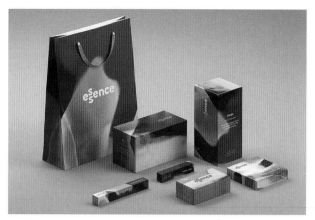

图7-39　The Bold Studio

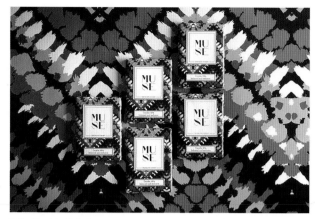

图7-40　Mo Kalache

第六节　网页的版式设计

随着信息化社会的到来，计算机网络特别是Internet的出现，极大地改变着人们的生活、学习和工作方式。计算机网络是计算机技术和通信技术相结合的产物。Internet的中文译名为因特网，它是人类智慧的结晶，信息资源网的内容涉及人类生活的各个方面。通过它，人们可以共享网上丰富的资源，缩短了人与人之间联系的距离。由于网上没有国界的限制，所以又称它为国际互联网。

www（world wide web）的中文名称是全球信息网，它是基于"超文本"技术将许多信息资源连接成一个信息网，由结点和超链接组成的，方便用户在Internet搜索和浏览信息的超媒体信息查询服务系统，是互联网的一部分。在www网站上，人们不仅可以传递信息，而且可以传递图形、声音、影像、动画等多媒体信息。每个网站都包含着许多画面，这些画面我们称之为网页。进入网站时显示的第一个画面称为主页（Home Page）。通过事先设计制作好的网页，发布到Internet站点上，这样任何人都可在网上了解信息。网页的版式设计是视觉语汇结合动画设计、音频效果等的综合表现形式（图7-41、图7-42）。

网页的版面效果同样也遵循版面的造型要素及形式原理，在此基础上再做延伸，配以适当的动画和背景音乐声响效果使得网页从视觉上生动起来，听觉上也可得到享受。网页的版面同样要以醒目的色彩、新颖的构图和独特的图形组成，从而会给人以美的视觉享受。

网页的版面由图形、图像、文字、色彩、动画、

视频和音效等多种元素组成，效果远远超过传统媒体。为使信息传达达到更好的效果，版式设计往往会根据不同的需求采取不同于常规的方式，设计出具有创意的视觉画面，以吸引观众视线，并继而有兴趣进一步浏览信息内容。网页设计的包容性很强，集合了几乎所有媒体的优势，作为一种新型的传播手段，为设计者创造

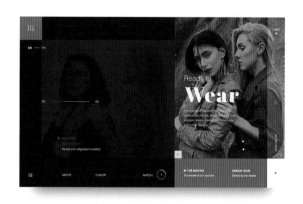

图7-41　网页设计

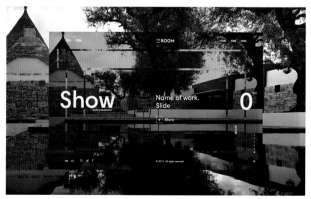

图7-42　网页设计

了一个前所未有的发挥想象的空间平台（图7-43、图7-44）。

网页设计应考虑传输信息的速度。没有速度的网络会丧失它存在的意义。因而设计者要想办法使登录时间变得尽可能短，至少要利用Internet技术来进行这方面的改进。网页设计者都应牢记这条原则：除非浏览者有耐心或对该网站的内容特别感兴趣，否则一般等待网页出现在屏幕上的时间不会很长。设计者可用图案的尺寸、图案中含有的颜色数量、网页包含的数据量和编写采用的代码方式等方法来尽量缩短登录时间。例如设计时可采用一些小的图像、层和有趣的安排来弥补网页所受到的登录时间和色彩等因素的限制。

随着网络技术的发展，压缩图像软件应运而生，可以在不影响画面质量的情况下，大幅度地压缩文件的容量。

也可采用控制每一页上的信息量来缩短登录时间。可将信息内容分散在几页上，而不是集中在一页上。

设计者要多向专业人士学习探讨，并去寻找有关网站设计的书，从而得到图像在尺寸、形式、保存方法方面可能最快的下载形式。

总之，网页设计同样是一种有许多限制的工作，这些限制同网页的登录时间、网络调色板和字体的选择有关。因此，网页设计者应不断学习和了解网络媒体的形式，要经常留意一些关于网页的最新发展。

图7-43　Watson DG

图7-44　网页设计

「_ 第八章　作品赏析」

本章学习重点与难点
对同学们收集的国内外版式创作的优秀案例进行分析与讲解是本章的重点。查找优秀案例的出处及背景是本章的难点。

本章学习目标
理论与实践的真实结合莫过于版式编排的要素和骨骼形式在广告设计中的应用，通过本章节的学习，使学生开阔眼界，增加设计知识的储备量，开拓设计思路，把版式设计应用到更广泛的设计中去。

建议学时
6 学时

第八章 作品赏析

图8-1 ADOBE海报

图8-2 Brando Corradini

图8-3 Artem Solop

图8-4 Ana Mirats

图8-5 Alejandro Ribadeneira

图8-6 Devils个性黑色商业名片卡片设计——Foxtrot Studio

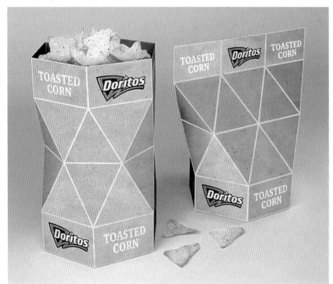

图8-7 Doritos薯片

图8-8 aizawa office Inc.Japan

图8-9 Krzysztof Iwanski

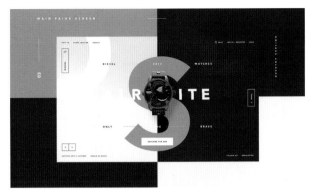

图8-10 DIESEL意大利迪赛牛仔时装品牌官网概念设计

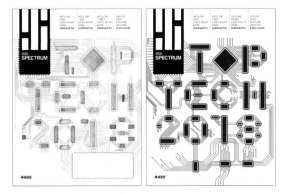

图8-14 IEEE SPECTRUM——频谱杂志两种风格艺术字设计 比利时 Mario De Meyer

图8-11 Evan Tolleson

图8-15 Evan Tolleson

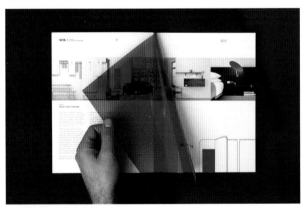

图8-12 Evan Tolleson

图8-16 Lavernia & Cienfuegos

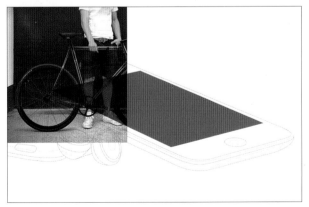

图8-13 Evan Tolleson

图8-17 Lemon Graphic

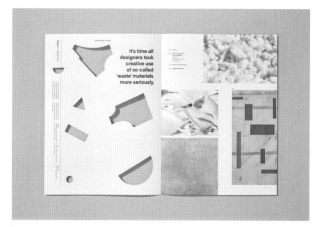

图8—18　Hybrid Design

图8—21　FUNDAMENTAL Studio

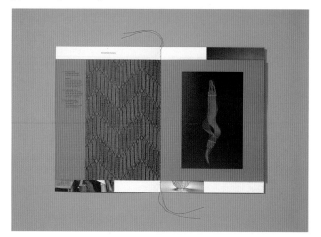

图8—19　Hybrid Design

图8—22　FUNDAMENTAL Studio

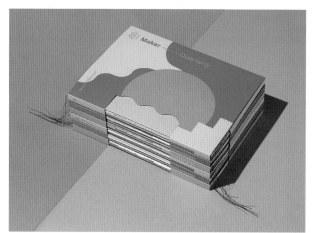

图8—20　Hybrid Design

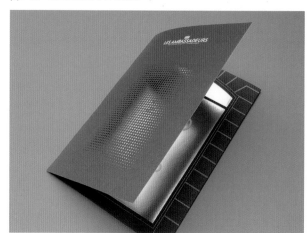

图8—23　Mélanie & Nicolas Zentner

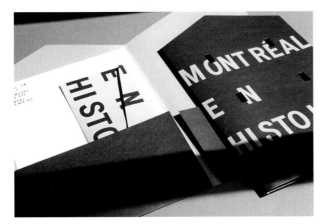

图8-24　PAPRIKA沉稳黑基调书籍画册卡片设计作品

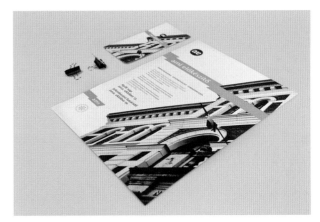

图8-27　RENATO白色调书籍画册封面设计

图8-25　PAPRIKA沉稳黑基调书籍画册卡片设计作品

图8-28　Studio Nuts

图8-26　PAPRIKA沉稳黑基调书籍画册卡片设计作品

图8-29　Tim Bisschop

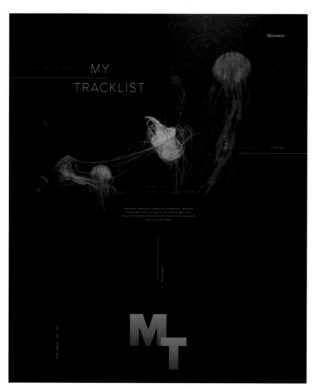

图8-30　My Tracklist-Design Concept

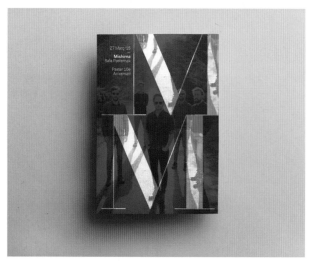

图8-31　Quim Marin大几何海报作品

图8-32　Mario De Meyer

图8-33　ILYA餐厅菜单与海报设计

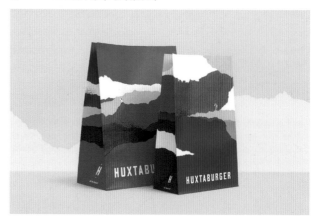

图8-34　Pop & Pac

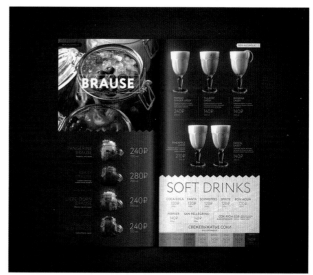

图8-35　RAGU cafe肉酱咖啡菜单

图8-36 Mamunur Rashid单页海报设计

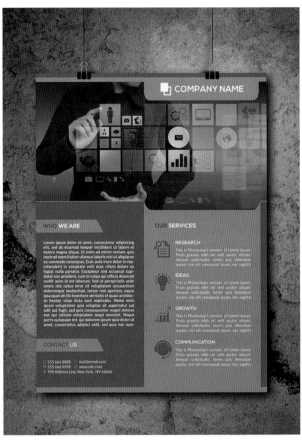

图8-39 Mamunur Rashid单页海报设计

图8-37 Michaela Vargas Coronado

图8-40 Michaela Vargas Coronado

图8-38 Niterói巴西尼泰罗古典吉他音乐会

图8-41 ME_2018_Happycentro

图8-42　Przemek Bizo

图8-45　Przemek Bizo

图8-43　Przemek Bizo

图8-46　Przemek Bizo

图8-44　Vengiee风擎品牌VI设计

图8-47　VICTIONARY书籍封面设计与装帧工艺艺术

图8—48 阿尔巴尼亚Vasjen Katro 365每日抽象海报设计系列

图8—50 U2 Flash Light VI及产品画册设计

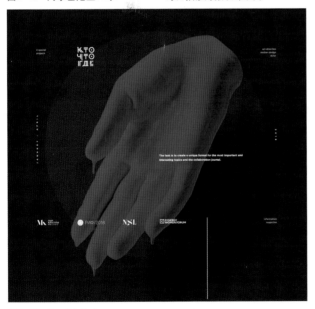

图8—49 Special Projects

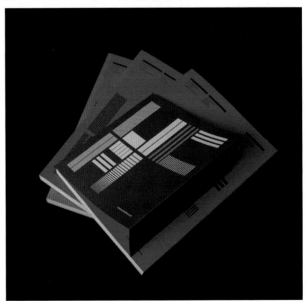

图8—51 UCA创意艺术大学画册设计欣赏

图8-52 包装设计

图8-55 VI设计

图8-53 包装设计

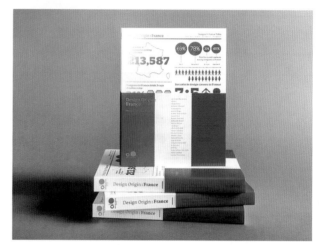

图8-56 VICTIONARY书籍封面设计佳作——victionary hk

图8-54 包装设计

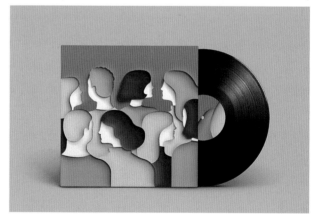

图8-57 唱片封面设计

图8-58 Tomic

图8-59 Tomic

图8-60 SCHOLMA书籍封面设计作品——beukers scholma

图8-61 国外杂志内页设计

图8-62 国外杂志内页设计

图8-63 国外杂志内页设计

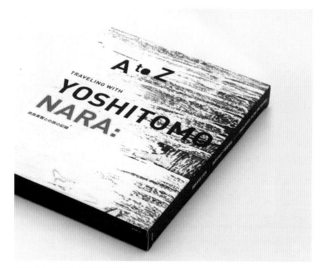

图8-64 国外书籍封面设计

图8-67 国外优秀画册设计

图8-65 国外书籍画设计

图8-68 国外书籍设计

图8-66 STREET-BURG汉堡酒吧品牌设计——俄罗斯QUZEND design development

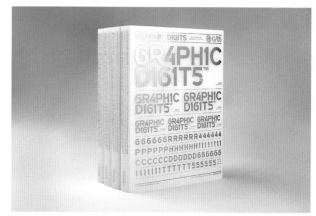

图8-69 VICTIONARY书籍封面设计与装帧工艺艺术

图8-70　国外女性时尚杂志封面设计

图8-73　国外女性时尚杂志封面设计

图8-71　国外包装设计

图8-74　陌生人与陌生人苦艾酒香水男士包装设计——Stranger Stranger

图8-72　德国建筑书籍设计

图8-75　德国建筑书籍设计

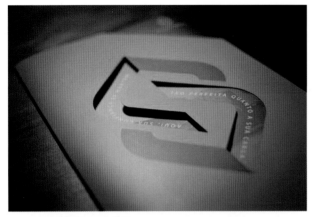

图8-76　国外画册设计欣赏

图8-78　国外画册设计欣赏

图8-77　国外唱片封面设计

图8-79　广告海报设计

图8-80 报纸版式设计

图8-82 报纸版式设计

图8-81 方便面包装设计

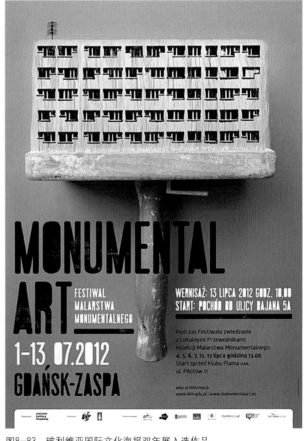

图8-83 玻利维亚国际文化海报双年展入选作品

图8-84 德国网页设计师强悍作品欣赏——Tropfich

图8-86 茶叶包装设计

图8-85 玻利维亚国际文化海报双年展入选作品

图8-87 玻利维亚国际文化海报双年展入选作品

图8-88 国外画册排版设计欣赏

图8-89 国外画册排版设计欣赏

图8-90 国外书籍画册设计

图8-91 菜单设计

图8-92 菜谱菜单设计

图8-93　书籍内页设计

图8-96　书籍内页设计

图8-94　书籍内页设计

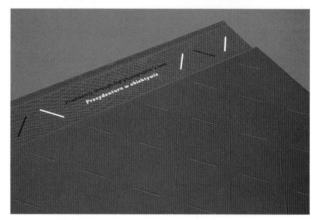

图8-97　书籍封面

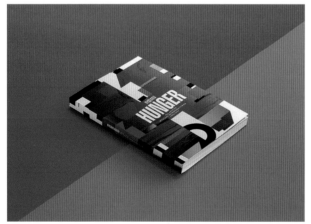

图8-95　书籍封面设计

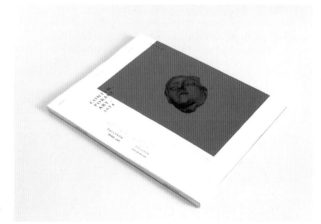

图8-98　书籍封面设计

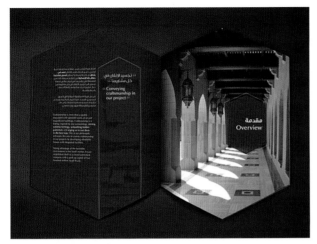

图8-99　书籍画册折页设计

图8-102　书籍画册折页设计

图8-100　书籍设计

图8-103　书籍设计

图8-101　书籍封面设计

图8-104　国外画册设计欣赏一组

图8-105 书籍画册页面设计佳作收集整理

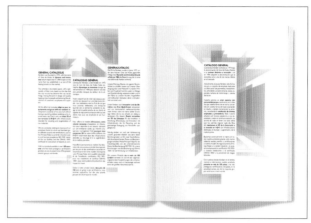

图8-108 书籍内页设计

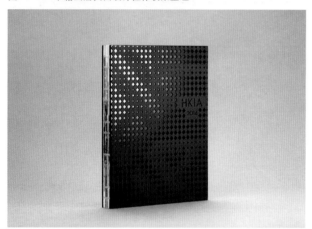

图8-106 书籍装帧设计

图8-109 书籍设计

图8-107 卡片设计

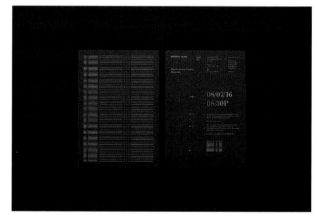

图8-110 卡片设计

图8-111　企业画册内页设计

图8-114　企业画册设计

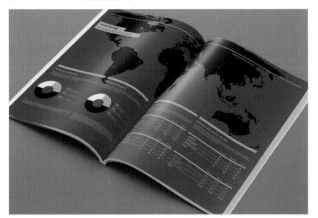

图8-112　企业画册内页设计

图8-115　企业画册设计

图8-113　企业画册内页设计

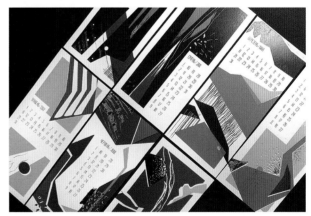

图8-116　台历设计

图8-117 国外最新优秀书籍画册排版

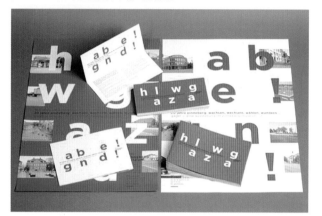

图8-118 国外最新优秀书籍画册排版

图8-119 国外杂志内页设计

图8-120 图群拼合排版法

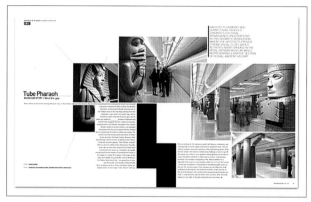

图8-121 图群拼合排版法

图8-122 国外杂志设计

图8-123 图群拼合排版法

图8-124 画册设计

图8-125　国外最新优秀书籍画册排版

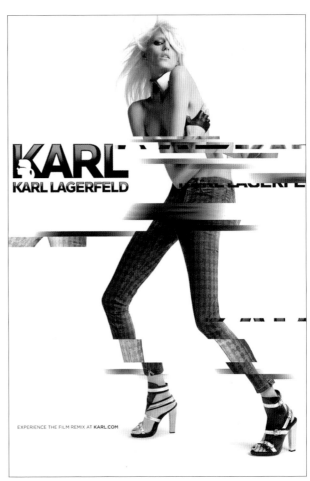

图8-127　图群拼合排版法

图8-126　果汁包装设计

图8-128　画册排版设计

图8-129　威士忌酒标设计手工绘画镀金镀银金箔玻璃面板制作

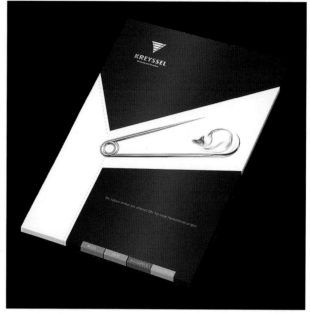

图8-132　宣传册设计

图8-130　书籍画册折页设计

图8-133　宣传册封面设计

图8-131　科技信息公司VI设计

图8-134　宣传册内页设计

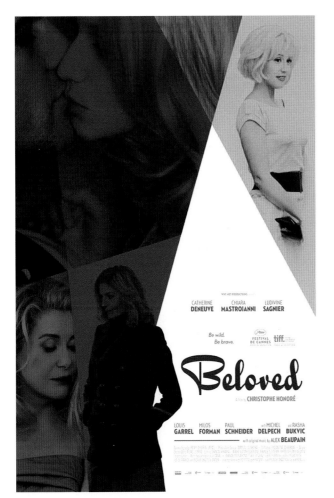

图8-135 图群拼合排版法

图8-137 图群拼合排版法

图8-136 旅游网站

图8-138 折页设计

图8-139　文字版式

图8-141　文字版式

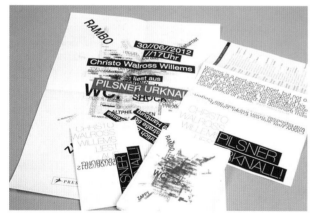

图8-140　国外最新优秀书籍画册排版

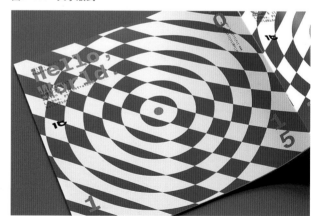

图8-142　宣传册封面设计

图8-143 宣传册内页设计

图8-146 文字排版设计

图8-144 国外画册书籍封面设计

图8-147 宣传三折页设计

图8-145 脸书——荷兰Luminous Creative Imaging

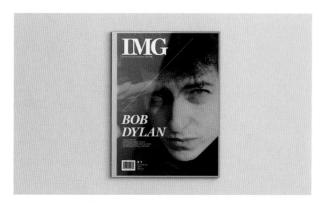

图8-148 杂志设计

图8-151 杂志内页

图8-149 窄条图片分割画册设计

图8-152 窄条图片分割画册设计

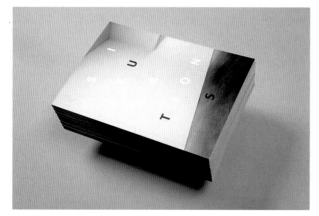

图8-150 最新优秀书籍画册排版

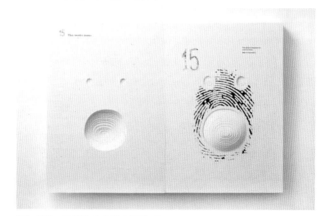

图8-153 最新优秀书籍画册排版